新时代抽水蓄能电站建设征地和搬迁安置实施与管理

王志刚　窦春锋　蒋正轲　等 编著

黄河水利出版社

· 郑 州 ·

内 容 提 要

本书深入剖析了党的十八大以来,水利水电工程搬迁安置政策、管理体制发生的深刻变革,阐述了在社会发展与国家新能源战略需求影响下,抽水蓄能电站建设征地和搬迁安置实施管理工作鲜明的时代特征,并以河南洛宁、湖南平江、山东文登等抽水蓄能电站建设征地和搬迁安置实践为例,探究征地与搬迁安置的经验与不足,结合适应新时代全面依法治国及移民区乡村振兴与发展的具体要求,提出了新时代抽水蓄能电站工程建设征地安置规划及实施管理新模式,探索新时代抽水蓄能电站工程征地与搬迁安置系统化、精细化的工作方式,以期为其他类似抽水蓄能电站工程建设征地与搬迁安置的管理体制与机制运行、规划设计的新理念、安置工作依法合规及扎实有效地实施等提供有益的参考与借鉴。

本书可供从事抽水蓄能电站移民安置实施与管理的工程技术人员阅读参考,也可作为相关领域高校师生的参考资料。

图书在版编目(CIP)数据

新时代抽水蓄能电站建设征地和搬迁安置实施与管理/
王志刚等编著. —郑州:黄河水利出版社,2022.12
ISBN 978-7-5509-3495-5

Ⅰ.①新… Ⅱ.①王… Ⅲ.①抽水蓄能水电站-土地
征用-研究-中国②抽水蓄能水电站-移民安置-研究-
中国 Ⅳ.①TV743②D632.4③F321.1

中国版本图书馆 CIP 数据核字(2022)第 246578 号

责任编辑	乔韵青	责任校对	杨丽峰
封面设计	李思璇	责任监制	常红昕

出版发行 黄河水利出版社
    地址:河南省郑州市顺河路 49 号 邮政编码:450003
    网址:www.yrcp.com E-mail:hhslcbs@126.com
    发行部电话:0371-66020550
承印单位 广东虎彩云印刷有限公司
开　　本 787 mm×1 092 mm　1/16
印　　张 11.5
字　　数 266 千字
版次印次 2022 年 12 月第 1 版　　2022 年 12 月第 1 次印刷
定　　价 69.00 元

本书编写人员名单

主　　编：王志刚　河南洛宁抽水蓄能有限公司

　　　　　窦春锋　黄河水利委员会黄河水利科学研究院

　　　　　蒋正轲　河南洛宁抽水蓄能有限公司

技术顾问：张学清　杨建设

编写人员：王志刚　窦春锋　蒋正轲　兰　雁　李　冀

　　　　　殷　康　张　敏　刘小彦　桑嘉衡　杨浩明

　　　　　王　荆　董成会　杨小平

前　言

党的十八大以来,高质量发展成为我国经济发展的鲜明主题,按照党中央部署,国家明确到2050年的发展目标是,将我国建设成为富强民主文明和谐美丽的社会主义现代化强国,并对新时代能源发展提出了"绿色生态发展、乡村振兴、壮大能源产业、构建清洁低碳、安全高效的能源体系"的战略。随着我国强力推进"碳达峰、碳中和"双碳战略目标的实施,作为推动能源清洁低碳安全高效利用的抽水蓄能电站工程也进入迅猛发展的新时代。

移民安置是抽水蓄能电站工程建设的重要组成部分,涉及面广、政策性强,是一项复杂的系统工程。移民安置管理工作直接关系到移民政策贯彻落实,关系到移民群众的切身利益,关系到工程顺利建设,关系到区域社会和谐稳定。随着抽水蓄能电站快速布局与迅猛发展,国家新能源与乡村振兴战略的协同发展,现行的抽水蓄能电站工程移民安置政策法规、管理体制、运行模式等难以完全满足新时代移民安置工作高质量推进的要求,急需在广泛汲取抽水蓄能电站移民安置工程成功的实践经验基础上,构建新时代中国特色的抽水蓄能电站建设征地与移民安置理论政策体系及工作模式。

本书深入剖析了党的十八大以来,水利水电工程移民安置政策、管理体制发生的深刻变革;阐述了在社会发展与国家新能源战略需求影响下,抽水蓄能电站建设征地和搬迁安置实施管理工作鲜明的时代特征,并以河南洛宁、湖南平江、山东文登等抽水蓄能电站建设征地和移民安置实践为例,探究征地与移民安置的经验与不足,结合适应新时代全面依法治国及移民区乡村振兴与发展的具体要求,提出了新时代抽水蓄能电站工程建设征地安置规划及实施管理新模式,探索新时代抽水蓄能电站工程征地与搬迁安置系统化、精细化的工作方式。

全书共分为7章,第1章总结了国家乡村振兴及新能源战略新形势下的抽水蓄能电站工程移民安置发展趋势;第2章介绍了水电工程建设征地与移民安置的发展历程及新时代抽水蓄能电站移民安置的需求;第3章总结了抽水蓄能电站移民安置方式及实施管理模式现状及特点;第4章介绍了洛宁抽水蓄能电站移民安置实施管理的探索与实践经验;第5章对构建新时代抽水蓄能电站移民安置管理理论体系、政策法规思考与建议进行了详细的介绍;第6章总结提出了新时代抽水蓄能工程建设征地与移民安置创新模式;第7章对全书进行了概述与总结。

本书编写人员及编写分工如下:第1章及第2章由河南洛宁抽水蓄能有限公司殷康、蒋正轲编写;第3章由河南洛宁抽水蓄能有限公司王志刚、黄河水利科学研究院窦春锋编写;第4章由黄河水利科学研究院杨浩明、河南洛宁抽水蓄能有限公司桑嘉衡编写;第5章由河南黄科工程技术检测有限公司刘小彦、黄河水利科学研究院张敏编写;第6章由黄河水利科学研究院王荆、董成会、杨小平编写;第7章由黄河水利科学研究院兰雁编写。本书的编写,得到了江西洪屏、浙江仙居、河南天池、浙江缙云、山东文登、重庆蟠龙、福建厦门、湖南平江、河北抚宁及河北易县等抽水蓄能电站有限公司的大力支持,参考并引用了相关工程的移民安置实施及管理资料与数据;同时也引用了国内外大量专家学者的科技成果,在此表示最诚挚的谢意。同时,感谢张学清、杨建设作为技术顾问对本书的技术指导。

限于编者水平和经验,本书的不妥之处,敬请读者批评指正,相关意见与建议请发电子邮件至 lanyan2003@126.com。

编 者

2022 年 12 月

目　录

第 1 章　绪　论

1.1　国家新农村经济发展战略下水库移民安置的发展现状

2016 年 4 月,国家发展和改革委员会、财政部、水利部、国务院扶贫办(现国家乡村振兴局)联合印发《关于切实做好水库移民脱贫攻坚工作的指导意见》(发改农经〔2016〕770号),要求精准识别贫困移民、编制水库移民脱贫攻坚工作方案、继续开展水库移民避险解困工作、大力扶持移民村产业发展。同年 8 月,水利部、国务院扶贫办印发了《关于实施水利扶贫开发行动的指导意见》(水扶贫函〔2016〕319 号),要求加强贫困地区的水利基础设施建设短板。

2017 年 10 月 18 日,在中国共产党第十九次全国代表大会上,习近平作了题为《决胜全面建成小康社会 夺取新时代中国特色社会主义伟大胜利》的报告,提出了新时代对能源发展的要求:一是推进绿色发展、加快生态文明体制改革;二是实施乡村振兴战略,壮大能源产业;三是推进能源生产和消费革命,构建清洁低碳、安全高效的能源体系。

党的十九大作出中国特色社会主义进入新时代的科学论断,提出实施乡村振兴战略的重大历史任务,在我国"三农"发展进程中具有划时代的里程碑意义。这就要求我们必须深入贯彻习近平新时代中国特色社会主义思想和党的十九大精神,在认真总结农业农村发展历史性成就和历史性变革的基础上,准确研判经济社会发展趋势和乡村演变发展态势,切实抓住历史机遇,增强责任感、使命感、紧迫感,把乡村振兴战略实施好。

实施乡村振兴战略是建设现代化经济体系的重要基础。农业是国民经济的基础,农村经济是现代化经济体系的重要组成部分。乡村振兴,产业兴旺是重点。实施乡村振兴战略,深化农业供给侧结构性改革,构建现代农业产业体系、生产体系、经营体系,实现农村第一、二、三产业深度融合发展,有利于推动农业从增产导向转向提质导向,增强我国农业创新力和竞争力,为建设现代化经济体系奠定坚实基础。

到 2035 年,乡村振兴取得决定性进展,农业农村现代化基本实现。农业结构得到根本性改善,农民就业质量显著提高,相对贫困进一步缓解,共同富裕迈出坚实步伐;城乡基本公共服务均等化基本实现,城乡融合发展体制机制更加完善;乡风文明达到新高度,乡村治理体系更加完善;农村生态环境根本好转,生态宜居的美丽乡村基本实现。到 2050 年,乡村全面振兴,农业强、农村美、农民富全面实现。

水库移民淹没区域多以乡村为主,乡村兴离不开移民村兴。在乡村振兴战略背景下,移民村发展的好坏直接关系到地方的长治久安和乡村振兴战略的发展目标。实施乡村振兴战略"产业兴旺、生态宜居、乡村文明、治理有效、生活富裕"的总要求,这对农村水库移民安置、移民村规划提出了更高的要求。乡村产业兴旺的目标是使农村第一、二、三产业融合发展格局初步形成,乡村产业加快发展,农民收入水平进一步提高,传统农村移民生产安置方式往往以调剂土地的方式进行,在我国多数地区人多地少的情况下,移民收入水平的提高需要立足农业现代化发展,将土地资源融合到第一、二、三产业的发展中去。乡村振兴,生态宜居是关键,受安置用地面积限制,目前的移民搬迁安置存在"重安置房屋大小,轻居住生态系统"的特点。乡村生态宜居要求移民村搬迁后,应建设生活环境整洁优美、生态系统稳定健康、人与自然和谐共生的生态宜居美丽移民村。乡村振兴、乡风文明是保障。移民村的乡风文明要在保护传承的基础上繁荣发展,焕发出乡风文明新气象,提高移民村移民的文化凝聚力和认同感。

1.2　国家新能源发展战略下抽水蓄能电站的发展现状

按照党中央部署,推动能源转型与绿色发展的重要举措,对于深化供给侧结构性改革,优化能源结构布局,提高电力系统整体经济性和安全可靠性,促进地方经济社会发展具有重大意义。国家电网全面贯彻落实公司战略目标,坚定不移地践行新发展理念,加快发展抽水蓄能电站,推动服务能源清洁低碳转型,实现电网跨越升级,标志着国家电网抽水蓄能电站工程建设也进入了新时代。

2020年1月19日,在国家电网有限公司党组召开的传达学习习近平总书记在中央政治局"不忘初心、牢记使命"专题民主生活会和主题教育总结大会上,时任公司党组书记、董事长毛伟明指出,要坚决践行国家电网的初心使命,提高政治站位,牢记党中央设立国家电网的初心和国有企业"六个力量"新的历史定位,把服务党和国家工作大局作为根本任务,切实增强服务质效,全力保障能源安全,使公司成为党和国家最可信赖的依靠力量。毛伟明强调,要强化担当作为,发挥中央企业"大国重器"的重要作用,确保党中央决策部署落地见效,为决胜全面建成小康社会、决战脱贫攻坚、服务经济社会发展作出新贡献。

2021年9月22日,中共中央 国务院发布了《关于完整准确全面贯彻新发展理念做好碳达峰碳中和工作的意见》,指导思想为"以能源绿色低碳发展为关键,加快形成节约资源和保护环境的产业结构、生产方式、生活方式、空间格局,坚定不移走生态优先、绿色低碳的高质量发展道路,确保如期实现碳达峰、碳中和"。提出了:推动经济社会发展全面绿色转型,加快构建清洁低碳安全高效能源体系,积极发展非化石能源,加快推进抽水蓄能和新型储能规模化应用,构建以新能源为主体的新型电力系统,提高电网对高比例可再生能源的消纳和调控能力。

抽水蓄能电站是重大基础设施、调节电源和生态环保工程,也是落实绿色发展理念,构建清洁低碳、安全高效能源体系的重大工程,加快建设抽水蓄能电站对推进能源生产和消费革命,保障电网平稳运行意义重大。抽水蓄能电站具有启动灵活、调节速度快的优势,是构建清洁低碳安全高效的现代电力系统的重要组成部分,不仅在促进清洁能源消纳到助力脱贫攻坚、推动经济社会发展过程中发挥作用,而且在构建新发展格局、实现碳达峰和碳中和目标、促进大气污染防治中凸显更深层次的意义。加快发展抽水蓄能电站是国家电网深入学习贯彻习近平新时代中国特色社会主义思想、推进能源生产和消费革命的重要举措,是落实中央经济工作会议精神,落实绿色发展理念,构建清洁低碳安全高效能源体系的具体实践。

国外抽水蓄能电站的出现已有 100 多年的历史,我国在 20 世纪 60 年代后期才开始研究抽水蓄能电站的开发,与日本、欧美等相比,我国抽水蓄能电站的建设起步较晚。

20 世纪 80 年代中后期,我国电网规模不断扩大,广东、华北和华东等以火电为主的电网,由于受地区水力资源的限制,可供开发的水电很少,电网缺少经济的调峰手段,电网调峰矛盾日益突出,缺电局面由电量缺乏转变为调峰容量也缺乏,修建抽水蓄能电站以解决火电为主电网的调峰问题逐步形成共识。为满足电网经济运行和电源结构调整的要求,一些以水电为主的电网也开始研究兴建一定规模的抽水蓄能电站。

20 世纪 90 年代,随着改革开放的深入,国民经济快速发展,抽水蓄能电站建设也进入了快速发展期。先后兴建了广蓄一期、北京十三陵、浙江天荒坪等几座大型抽水蓄能电站。"十五"期间,又相继开工了张河湾、西龙池、白莲河等一批大型抽水蓄能电站。

2009—2013 年,国家能源局组织水电水利规划设计总院、国网新源控股有限公司和南网调峰调频发电公司等单位,在华北、东北、华东、华中、西北和华南等区域开展了抽水蓄能电站选点规划工作,在以往工作的基础上,针对 2020 年系统需求完成了浙江、安徽、江苏、福建、山东、山西、内蒙古、河北、河南、湖南、湖北、江西、重庆、辽宁、吉林、黑龙江、陕西、甘肃、宁夏、新疆、广东、海南共 22 个省(市、区)的选点规划工作,筛选出一批规模适宜、建设条件较好的抽水蓄能站点。根据国家能源局批复,本次规划抽水蓄能站点共 59 个,规划总装机容量 7 485 万 kW。

"十三五"期间,根据国家能源局的安排,先后开展了广西、贵州、青海共 3 个省(区)的选点规划工作和河北、浙江、安徽、福建、山东、湖北、新疆共 7 个省(区)的选点规划调整工作。本次共增加推荐规划站点 22 个,规划总装机容量 2 970 万 kW。

截至 2019 年底,我国已陆续开展 25 个省(市、区)的抽水蓄能电站的选点规划或选点规划调整工作,批复的规划站点总装机容量约 1.2 亿 kW(含已建、在建)。我国在运抽水蓄能电站共计 32 座(不包括港澳台地区),装机容量合计 3 029 万 kW;在建抽水蓄能电站共计 37 座,装机容量合计 5 063 万 kW。已建、在建抽水蓄能电站装机容量合计 8 092 万 kW。

"十四五"期间抽蓄投产规模将大幅提升。考虑在建抽水蓄能电站工程施工进度,初步预计"十四五"期间年度投产规模 500 万 ~ 600 万 kW,到 2025 年,总装机规模达到 6 500 万 kW 左右;预计到 2035 年总装机规模超过 1.2 亿 kW。"十四五"期间,预计抽水蓄能电站新开工 3 000 万 ~ 4 000 万 kW。根据抽水蓄能电站的需求分析,结合考虑规划站点资源情况与相关影响因素,预计到 2035 年,我国抽水蓄能需求规模 1.4 亿 ~ 1.6 亿 kW。未来抽蓄电站发展需求将持续增长。

中国抽水蓄能电站建设虽然起步较晚,但有以往大规模常规水电建设所积累的技术和工程经验,加上近十几年来引进和消化吸收的国外先进技术和管理经验,及一批大型抽水蓄能电站的建设实践,已让我国积累了丰富的建设经验,掌握了较先进的机组制造技术,形成了较为完备的规划、设计、建设、运行管理体系,电站的整体设计、制造和安装技术更是达到了国际先进水平。例如:广州抽水蓄能电站,已是当今世界上装机规模最大的抽水蓄能电站;在建设速度方面,广蓄一期工程全部竣工仅 58 个月,广蓄二期、十三陵和天荒坪电站主体工程的实际施工工期,与世界经济发达国家相比并不逊色;在单位千瓦装机容量投资方面,一般都不太高,而广蓄电站,还低于世界同类电站水平,其中广蓄还远低于具有一定调峰能力的燃煤电站的单位千瓦投资;中国正在建设的西龙池抽水蓄能电站,最大扬程达 704 m,进入了世界上已投运的单级混流式抽水蓄能机组中扬程最高的先进水平;天荒坪与广蓄电站单级可逆式水泵水轮机组单机容量 300 MW,设计水头 500 m 以上,均为世界先进水平。

双碳风潮下,抽水蓄能正迎来前所未有的发展机遇。2021 年 4 月,国家发展和改革委员会出台抽水蓄能电价政策。2021 年 9 月国家能源局发布的《抽水蓄能中长期发展规划(2021—2035 年)》明确,到 2025 年,抽水蓄能投产总规模 6 200 万 kW 以上;到 2030 年,投产总规模 1.2 亿 kW 左右;到 2035 年,形成满足新能源高比例大规模发展需求的技术先进、管理优质、国际竞争力强的抽水蓄能现代化产业,培育形成一批抽水蓄能大型骨干企业。2022 年两会,政府工作报告首次明确提出,要加强抽水蓄能电站建设;2022 年 3 月 22 日,国家发展和改革委员会、国家能源局印发的《"十四五"现代能源体系规划》明确,要加快推进抽水蓄能电站建设,推动已纳入规划、条件成熟的大型抽水蓄能电站开工建设,完善抽水蓄能价格形成机制。

截至 2021 年 9 月底,我国抽水蓄能电站已建、在建装机规模共计 8 762 万 kW,均居世界首位。其中已建项目 3 249 万 kW,主要分布在华东、华北、华中和广东等 18 个省(市、区);在建项目 40 个,合计 5 393 万 kW,约 60% 分布在华东和华北,从比例看,我国抽水蓄能在电力系统中的比例仅占 14%,今后还有非常大的拓展空间。已建、在建抽水蓄能项目分布情况见表 1-1、表 1-2。

表 1-1　已建抽水蓄能项目清单

序号	省(市、区)	装机规模/万 kW	电站名称及装机容量
1	北京	80	十三陵(80 万 kW)
2	河北	127	张河湾(100 万 kW)、潘家口(27 万 kW)
3	山西	120	西龙池(120 万 kW)
4	内蒙古	120	呼和浩特(120 万 kW)
5	辽宁	120	蒲石河(120 万 kW)
6	吉林	65	白山(30 万 kW)、敦化(35 万 kW)
7	江苏	260	溧阳(150 万 kW)、宜兴(100 万 kW)、沙河(10 万 kW)
8	浙江	493	天皇坪(180 万 kW)、仙居(150 万 kW)、桐柏(120 万 kW)、溪口(8 万 kW)、长龙山(35 万 kW)
9	安徽	348	响水涧(100 万 kW)、琅琊山(60 万 kW)、绩溪(180 万 kW)、响洪甸(8 万 kW)
10	福建	120	仙游(120 万 kW)

续表 1-1

序号	省(市、区)	装机规模/万 kW	电站名称及装机容量
11	江西	120	洪屏(120 万 kW)
12	山东	100	泰安(100 万 kW)
13	河南	132	宝泉(120 万 kW)、回龙(12 万 kW)
14	湖北	127	白莲河(120 万 kW)、天堂(7 万 kW)
15	湖南	120	黑麋峰(120 万 kW)
16	广东	728	惠州(240 万 kW)、广州(240 万 kW)、清远(128 万 kW)、深圳(120 万 kW)
17	海南	60	琼中(60 万 kW)
18	西藏	9	羊卓雍湖(9 万 kW)
	合计	3 249	

表 1-2　40 个在建抽蓄项目清单(截至 2021 年 9 月)

序号	省(市、区)	电站名称	装机容量/万 kW	校准年度	预计投产年度
1	河北	丰宁一期	180	2012	2021
2		丰宁二期	180	2015	2022
3		易县	120	2017	2025
4		抚宁	120	2018	2026
5		尚义	140	2019	2028
6	山西	垣曲	120	2019	2027
7		浑源	150	2020	2027
8	内蒙古	芝瑞	120	2017	2025
9	辽宁	清原	180	2016	2022
10		庄河	100	2020	2027
11	吉林	敦化	105	2012	2021
12		蛟河	120	2018	2026
13	黑龙江	荒沟	120	2012	2021
14	江苏	句容	135	2016	2025

续表 1-2

序号	省(市、区)	电站名称	装机容量/万 kW	校准年度	预计投产年度
15	浙江	长龙山	175	2015	2021
16		宁海	140	2017	2025
17		缙云	180	2017	2025
18		衢江	120	2018	2028
19		磐安	120	2019	2028
20	安徽	金寨	120	2014	2021
21		桐城	128	2019	2026
22	福建	厦门	140	2016	2023
23		永泰	120	2016	2022
24		周宁	120	2016	2021
25		云霄	180	2020	2026
26	江西	奉新	120	2021	2028
27	山东	文登	180	2014	2022
28		沂蒙	120	2014	2022
29		潍坊	120	2018	2026
30		泰安二期	180	2019	2027
31	河南	天池	120	2014	2022
32		洛宁	140	2017	2025
33		五岳	100	2018	2025
34	湖南	平江	140	2017	2025
35	广东	梅州一期	120	2015	2022
36		阳江一期	120	2015	2022
37	重庆	蟠龙	120	2014	2024
38	陕西	镇安	140	2016	2023
39	新疆	阜康	120	2016	2025
40		哈密	120	2018	2028
合计			5 393		

1.3　抽水蓄能电站移民安置的发展现状

近 20 年来,我国抽水蓄能电站得到快速发展。作为目前经济、清洁的大规模储能方式,抽水蓄能电站具有调峰、填谷、调频、调相、紧急事故备用和黑启动等多种功能,是建设现代智能电网新型电力系统的重要支撑,是构建清洁低碳、安全可靠、智慧灵活、经济高效新型电力系统的重要组成部分。我国在抽水蓄能电站工程建设过程中积累了设计、施工和运行管理等多个环节的丰富经验。作为抽水蓄能电站重要组成部分的上、下水库,同其他水利水电工程一样,建设工程征地与移民安置是影响工程建设的主要限制因素之一。目前,国内关于工程建设征地与移民安置问题的研究主要集中在大中型水利水电工程领域,如在三峡工程、小浪底水库工程、南水北调工程等大型工程建设征地与移民安置研究方面,形成了众多的研究成果,对推动水利水电工程移民政策与实践活动发展产生了巨大影响。在国际上,有许多专家学者也围绕水利水电工程征地移民问题进行了长期研究,形成了系列理论研究成果。

由于抽水蓄能电站 2 个水库相联系,征地移民安置同时具有水库移民地处深山区、线路征地的问题,既具有一般水库移民的特点,同时又具有线性工程征地的特征,征地移民安置难度不可轻视。目前受各种因素影响,对于抽水蓄能电站工程建设产生的征地与移民安置问题开展系统性、创新性的研究较少,重视不足,导致抽水蓄能电站建设的征地与移民安置研究制约了实践活动发展的需要。从性质上看,抽水蓄能电站产生的征地与移民安置问题与其他水利水电工程相似,涉及移民搬迁、安置、恢复、发展等若干阶段,牵涉到复杂的利益关系调整与社会重构,对当地社会稳定产生较大的影响。

中国通过近年来建成的第一批抽水蓄能电站的实践,积累了设计、施工和运行管理的经验,在技术上取得了丰硕的成果,在建设管理方面有一些行之有效的方法。目前,我国抽水蓄能电站普遍实行了以项目法人责任制为中心,以建设监理制和招标承包制相配套的建设管理模式。近年来,中国抽水蓄能电站的迅速发展,主要是由于中国国民经济的高速发展,促进了中国抽水蓄能电站的大发展。虽然取得了很大成绩,但为了促进抽水蓄能电站建设征地与移民安置的顺利实施,需要对我国抽水蓄能电站建设征地与移民安置的经验与教训进行梳理,在此基础上系统分析与总结,特别是在党的十九大以来,我国实施一系列精准扶贫、乡村振兴的民生战略,为应对国家对高质量发展的新时代要求,通过对比分析 2018 年以来国内部分典型抽蓄电站移民安置特点,提炼抽水蓄能电站工程征地移民安置规划、管理体制与机制、实施管理实践、移民安置档案、资金及验收模式的成功经验,并有针对性地提出问题与建议,从而优化抽水蓄能电站水库征地与移民安置实施管理的方法与措施体系,对促进抽水蓄能电站建设与地方经济发展、移民安稳致富,实现项目所在地经济社会可持续发展意义重大。

抽水蓄能电站工程属于水利水电工程,也是水利水电工程的重要组成部分,与其他水利水电工程一样也会产生征地与移民安置问题,但抽水蓄能电站工程建设产生的征地与移民问题具有自己的特点,需要进行深入研究。因此,通过洛宁抽水蓄能电站工程征地与移民安置的特点、模式、运行机制、实施经验、安置效果、存在的难点问题等,分析抽水蓄能电站工程移民经济社会系统重建的机制与规律,对于建立适合抽水蓄能电站工程征地与移民安置特点的理论体系,进一步丰富与完善水利水电工程移民理论、政策与实践研究具有重要意义。

我国颁布的《大中型水利水电工程建设征地补偿和移民安置条例》(简称《移民条例》)是开展水利水电工程征地补偿和移民安置活动的最重要的法律依据之一。由于抽水蓄能电站工程建设产生的征地与移民安置问题不同于一般的水利工程和常规水电工程,通过总结抽水蓄能电站工程征地与移民安置的特点、管理体制与机制、实施过程涉及的与其他政策与法律关系等,对于进一步完善水利水电工程征地与移民安置政策法规具有重要意义。

1.4 抽水蓄能电站移民安置的特点及发展趋势

水利水电工程移民安置的特点常表现为:项目所在地一般地处偏僻的农村山区,征地以及拆迁涉及的土地面积很大,移民数量也巨大,往往是以整个村子、整个城镇为单位进行的集体迁移;迁移之后伴随的往往是整个社会系统的重新构建,以及大量居民点、工厂和企事业单位的重新迁移和改建;实质性改变了迁移人口的生活习惯、生产方式、社会关系等。线性工程移民安置的特点常表现为:工程占地范围广,移民数量多,安置难度大;建设时间跨度长,各种要素变化较多;涉及行政区多,工作机制不同;临时用地数量大,占用基本农田,复垦难度大。

抽水蓄能电站项目具有2个水库的功能结构,工程的征地移民安置工作主要与上、下水库及连接道路规划范围及建设规模相关。上水库移民地处深山区,与常规大中型水利水电工程相比,移民数量相对有限,更集中体现在村落集体迁移后社会系统撕裂影响程度相对大,高质量发展和重新构建问题较为突出;又由于上、下水库相互联系,不可避免地存在线性工程征地移民情况,尽管与大中型线性工程相比,地域跨度小,涉及行政区域少,但也涉及不同行政区域的差异性工作机制问题,同时增加了临时用地与占用基本农田的范围。因此,新时代抽水蓄能电站移民安置既具有一般水利水电工程移民的特点,也具有线性工程的移民安置特点,结合新时代移民安置要求与发展趋势,表现出的主要特点与存在问题如下。

(1)逐步形成集中安置、与宜居环境和美丽乡村建设及社会系统重建模式特点。项目上水库移民地处深山区,尽管抽水蓄能电站占地面积小、移民数量少、迁移距离较近,但在乡村振兴及农村生产生活高质量发展的新时代要求下,移民迁移后社会系统重建,专项工程迁建要适应新时代发展规划要求,居民宜居环境的改变,导致迁移人员的生活习惯、生产方式发生的实质性的变化,移民生产和社会生产关系的撕裂影响等。

(2)移民生产安置逐渐呈现出第二产业、第三产业、养老保障、货币化补偿安置等多元化安置特点。尽管《移民条例》中明确"对农村移民安置进行规划,应当坚持以农业生产安置为主"。但在多处抽水蓄能电站移民安置过程中,被征地人口大多外出打工或已在城镇定居不愿再从事农业生产,对移民意愿调查时,移民大多倾向于社保安置或货币补偿安置,在实施过程中,往往与生产安置规划出入较大,更多地显现为货币化补偿、第二产业、第三产业及养老保障相结合的安置特点,存在移民安置方式多元化及与其他行业相比补偿标准较低的问题。

(3)涉及不同行政区,工作机制不同,临时用地占用基本农田、复垦难度大等,渣场临时用地补偿政策各地差异大。上、下水库联系道路,存在不同行政区工作管理及移民生产和发展程度差异性的问题,如各地的移民补偿政策差异、灌木林地与耕地补偿差异问题等,存在一定的社会风险;同时也存在临时用地占用基本农田的问题,临时用地占用周期长与法律规定不适应,复垦难度大等问题。

水电征地移民安置项目涉及面广、时间长,涉及众多的利益相关方。政府、管理部门、建设单位、规划设计、监理等多个部门参与其中,政府部门对征地与移民安置负有主要责任,项目法人履行政府作为投资者的管理责任,规划设计部门则提供项目的规划设计方案,移民监理部门则监督征地与移民安置全过程,各个利益相关方通过合作协商,共同解决征地与移民安置过程中的各种矛盾与问题,积累了丰富的经验。针对抽水蓄能电站征地移民工作的特点、问题及发展趋势,总结抽水蓄能电站工程征地与移民安置项目积累的经验与教训,一方面可以帮助有关部门进一步完善体制与机制建设,创新工程建设征地与移民安置模式,消除影响征地与移民安置的各种障碍,进一步提高征地与移民安置的效果,实现项目法人、地方人民政府与被征地移民之间的三赢局面,实现可持续发展的长远目标;另一方面项目积累的经验可以为全国抽水蓄能电站工程征地与移民安置提供可以借鉴的经验,促进全国同类工程征地与移民实践活动向规范化、制度化方向发展,保障国家抽水蓄能电站工程建设总体目标的实现。

双碳风潮下,抽水蓄能正迎来前所未有的发展机遇。未来20年国内抽水蓄能电站项目将快速布局、迅猛发展,与此相比,电站工程的征地与移民安置工作的技术储备和人才储备相对滞后。而目前抽水蓄能电站移民安置工作尚无系统的理论体系,成功的工作模式仍停留在少数技术人员经验性的交流中,相关专业技术人才的短缺是现实问题,本书汲取了近20个抽水蓄能电站移民安置成功实践经验,构建了新时代抽水蓄能电站移民安置理论体系,提出了具有实践性的政策法规建议,创新性地提出适用于抽水蓄能电站的建设征地与移民安置工作模式,将为全国新时代以及以后一段时间内抽水蓄能电站工程征地与移民安置提供可以借鉴的经验,为国家抽水蓄能电站工程建设总体目标提供强有力的技术支撑。

第2章　移民安置发展历程及新时代抽水蓄能电站移民安置需求

2.1　水库移民安置发展历程

截至2021年9月,我国共兴建了9.8万多座水库,这些水库在防洪、发电、灌溉、供水、生态等方面发挥了巨大的经济效益和社会效益,为经济社会可持续发展起到了重要的支撑和保障作用。特别是改革开放40多年来,中国的水利水电事业有了巨大的发展,带来了巨大的社会效益、经济效益的同时产生了数以千万计的移民,他们"舍小家、顾大家",为国家经济建设作出了重大贡献。我国的水库移民工作可以分为四个阶段。

2.1.1　第一阶段(1950—1978年)

这一阶段前期,兴建了白沙、薄山、南湾、佛子岭、梅山、响洪甸、磨子潭、官厅以及狮子滩、黄坛口、上犹江等20多座大中型水库(水电站),移民总数约30万人。移民补偿标准以政务院1953年公布的《关于国家建设征用土地办法》为依据。由于时值土地改革和农业合作化初期,各地均掌握部分公有耕地和荒地、荒坡,农民人均占有耕地数量较多,可以通过划拨或调剂土地安置移民。移民安置后基本能在较短的时间内恢复生产生活,遗留问题不多。这一阶段后期,社会主义改造完成,全国从第二个五年计划开始,加快了江河治理和水电开发的步伐。国家兴建了新安江、三门峡、丹江口等300多座大型水利水电工程,移民总数约253万人。这一阶段水库移民工作的特点是:

(1)重工程建设、轻移民安置的思想带有普遍性。移民工作不遵循科学,不按经济规律办事,主要依靠行政手段来进行,损害了一些移民的利益。

(2)水库移民前期工作未能受到重视,工作不扎实。水库移民专业机构和专业力量薄弱,大多限于调查淹没损失和估算补偿投资,普遍缺少可供实施的移民安置规划,即使有移民安置规划(如新安江、三门峡)也未能全部付诸实施。

(3)移民安置普遍强调"以粮为纲",就地后靠,忽视环境容量可能承受的能力,工作带有一定的盲目性。对移民安置,重在划拨一定的土地和房屋建设,而忽视了安置区必要的水、电、路、文、教、卫等基础设施的恢复建设。移民重迁、返迁的不乏其例。

(4)移民补偿标准普遍偏低,移民经费严重不足。人均补偿只有200~300元。对移民房屋的补偿大多没有按受淹面积计算,而只是规定按人均几平方米进行补助,其他淹没损失很多没有计算补偿费。这就大大增加了移民重建家园的困难,致使移民不能迅速恢复原有生活水平。加之未考虑移民发展生产经费,使移民搬迁后缺乏基本的生产生活条件,造成移民搬迁后生产生活水平下降。

（5）全国没有制定统一的水库移民法律法规和政策,水库移民利益缺乏法律保护,水库移民工作基本处于无法可依的状况。

2.1.2　第二阶段(1979—2005 年)

这一阶段兴建了葛洲坝、龙羊峡、乌江渡、隔河岩等 70 多座大中型水库,黄河小浪底、长江三峡等大型项目也相继开工,移民 250 多万人。这一阶段是移民安置的政策、方法进行探索、完善的阶段。全国农村实行家庭联产承包责任制,提出了开发性移民的方针,并逐步建立并完善了有关法规制度。1991 年,国务院颁布了第一部水库移民专项法规《移民条例》,确立了移民安置工作的指导思想、目标和原则。2002 年国务院办公厅转发了《关于加快解决中央直属水库移民遗留问题若干意见》,加快了解决中央直属水库移民遗留问题的步伐。此外,国务院还针对特大型水利水电工程建设项目,先后出台了长江三峡、南水北调等项目建设征地补偿和移民安置的条例或办法,确保了这些特大型工程征地移民安置工作的顺利进行。这一阶段,移民政策法规不断完善,移民安置行为不断规范。这个时期的工作特点如下:

（1）国务院办公厅批转水电部《关于抓紧处理水库移民问题的报告》(国办发〔1986〕56 号),变单纯的安置补偿救济为开发性移民,把移民安置与经济开发结合起来。

（2）我国移民工作明确实行政府负责制。移民安置需要对国民经济各方面进行调整,对安置区的选定、地区资源的开发等具体实施工作,都需要政府组织,各级人民政府的领导是移民工作顺利开展的必备条件。

（3）移民资金管理。国家对征地补偿和移民安置资金、水库移民后期扶持资金的拨付、使用和管理没有明确规定,没有建立具体的稽察制度,只是按照传统的程序进行监督管理,职责含糊,多头管理,没有落实到具体的单位进行监控。在使用移民资金上,地方人民政府拥有很大的自主权,投资方向、投资项目没有进行很好的专家论证,在移民资金缺乏约束机制的情形下,受本位主义思想的影响,容易造成资金管理上的失控。

（4）完善市场经济条件下的移民管理体系。移民工程实行项目管理、目标管理和工程管理。实行移民监理制,移民工程招标投标制,建立规划管理、计划管理体系,实行有效的监督机制,推行移民稽察,移民工程验收等一系列监督机制,协调地方人民政府、业主、移民三者之间的利益,使移民工程进入相互协调、相互平衡、相互制约的市场机制中来。逐步建立促进库区经济发展、水库移民增收、生态环境改善、农村社会稳定的长效机制,使水库移民共享改革发展成果,实现库区和移民安置区经济社会的可持续发展。

（5）移民补偿标准的调整。这是尊重市场经济规律的结果,考虑了移民补偿资金在使用过程中的物价上涨(通货膨胀)因素,根据物价指数变动及整个宏观经济形势变化情况,本着实事求是、科学合理和负责的原则适当增加库区移民资金安排。

2.1.3　第三阶段(2006—2017 年)

这是移民工作具有里程碑意义的阶段,国务院对水库移民政策法规作出重大调整。2006 年 5 月国务院下发《国务院关于完善大中型水库移民后期扶持政策的意见》(国发〔2006〕17 号),7 月颁布《大中型水利水电工程征地补偿和移民安置条例》。国务院分别于 2013 年 7 月、2013 年 12 月及 2017 年 4 月对《移民条例》(国务院令第 471 号)进行了三次修订。2014 年水利部印发《关于加强大中型水利工程移民安置管理工作的指导意见》(水移〔2014〕114 号),2016 年 4 月,国家发展和改革委员会、财政部、水利部、国务院扶贫办印发《关于切实做好水库移民脱贫攻坚工作的指导意见》(发改农经〔2016〕770 号),2017 年 11 月,水利部发布《关于印发〈水库移民后期扶持政策实施稽察办法〉的通知》(水电移〔2017〕360 号)。在这样大背景下,政府对水库移民的扶持工作有了明显成效,水利扶贫开发成为"脱贫攻坚"十大行动之一。

(1)更加突出以人为本的理念。水库移民政策调整,始终把坚持以人为本,保障移民合法权益,满足移民生存与发展的需求作为征地补偿和移民安置工作的首要原则,并把以人为本的理念落实到移民安置规划、补偿补助标准、安置规划的实施和后期扶持等各个工作环节,扭转了"重工程、轻移民"的倾向,使水库移民共享水库建设带来的效益成果。

(2)实行开发性移民发展战略。我国地域辽阔、水库类型多样、建设时期不一,情况十分复杂。国家实行开发性移民的方针,采取前期补偿、补助与后期扶持相结合的办法,提出了"三个兼顾"原则,即统筹兼顾水电和水利移民、新水库和老水库移民、中央水库和地方水库移民。各类大中型水库移民,都应统一纳入后期扶持范畴,实行统一的扶持政策。将水库移民搬迁安置和区域社会的经济发展结合起来,从整体上解决水库移民问题,符合我国水库移民的特点和现阶段生产力发展水平。

(3)具有更强的可操作性。新政策将后期扶持标准统一规定为每人每年 600 元,连续扶持 20 年,将耕地补偿和移民安置标准统一提高到 16 倍,规定了移民前期工作的程序,明确了审查审批权限,规范了安置实施的方法和步骤,明确界定了各方的权利和责任,提出健全移民管理体制机制,整合移民工作力量的要求,使各项移民管理工作有章可循。

(4)调动移民积极性。新的移民政策规定,扶持方式的确定必须充分尊重移民意愿并听取移民村群众意见,扶持资金使用必须透明;编制移民安置规划应当广泛听取移民和移民安置区居民的意见,实物指标、补偿标准和资金使用情况等必须向移民群众公布,接受移民的监督。这些规定发挥了移民的主体作用,增强了移民的参与意识,充分调动了移民的积极性、主动性和能动性。

(5)建立健全新建水库移民分享工程效益的长效机制,更好地解决已建水库移民遗留问题。新条例的推行保护移民合法权益和生态环境,为水利水电发展创造了良好的外部环境,有利于实现工程建设与移民安置、生态保护的共赢局面。

2.1.4　第四阶段（2018 年至今）

党的十八大以来，经济已由高速增长阶段转向高质量发展阶段，水利水电发展也进入新时代。党的十九大提出了实施乡村振兴战略的要求，乡村振兴战略的实施对新时代水库移民工作提出了高起点的规划要求，重大水利水电工程移民搬迁安置规划，要紧紧围绕乡村振兴战略的要求去落实，移民后期扶持的重点也应转向与乡村振兴战略要求融合的方向。对标习近平总书记关于学习贯彻党的十九届五中全会精神的重要讲话精神、对标习近平总书记"十六字"治水思路和治水工作重要讲话指示批示精神、对标国家"十四五"规划和 2035 年远景目标纲要，积极落实国家重大战略部署，促进重大水利工程建设，科学谋划新发展阶段水库移民稳定发展蓝图，从顶层设计上研究提出解决制约水库移民稳定发展的思路、措施和办法。这一时期的工作特点如下：

（1）贯彻落实"以人民为中心"的发展理念，积极推进乡村振兴，实现巩固拓展脱贫攻坚成果同乡村振兴的有效衔接，把绿色发展融入水库移民工作，提高水库移民扶持发展的质量和水平。

（2）完善水库移民安置方式，推进水库移民生产生活高质量发展。把握各地发展的不平衡和差异性，创新水库移民发展的安置方式，将移民安置纳入当地社会发展总体布局，与新农村建设、新型城镇化发展统筹考虑。党的十八届三中全会提出了一系列城乡一体化的改革措施，不同的新型城镇化模式已在全国各地广泛推行，水库移民城镇化安置是水库项目创新移民安置方式的趋势，分析移民就业技能和安置区产业容量，采取有效措施帮助移民实现就业，保障移民收入的稳定性和可持续性，使移民享受和城镇居民同等的人居环境、社会资源和公共服务，行使同等的公共权力。

（3）水库移民稳定为各项工作的重中之重，减少不稳定风险，社会稳定基础显著增强，后期扶持政策效果全面显现，全面形成与当地农村居民同步发展的基础设施条件，移民平均收入和生活水平达到或超过所在县级行政区平均水平，移民各项公共服务水平明显提高，移民的获得感、幸福感、安全感得到显著提升。

（4）新时代法治社会建设对水库移民工作提出了合法性和规范性的法律约束要求。随着《中华人民共和国民法典》《中华人民共和国土地管理法》等水库移民工作重要上位法的颁布、修订与施行，对土地征收征用、移民安置补偿等依法办事、依法移民等方面都提出了具体要求。

水电工程建设征地移民安置工作经历了计划经济、改革开放等不同历史时期，随着政策的不断完善、移民安置愈加规范、后期扶持力度不断加大，水电工程移民安置实施总体取得了良好成效，与移民安置相关的国家政策与法律法规体系也从无到有，并不断发展健全，伴随着国家对工程建设标准、人民生活水平需求的不断提高，政策法规内容不断修订完善与丰富，并呈现出时代特色，如《中华人民共和国土地管理法》《移民条例》分别于 1986 年、1991 年决议通过，均经历了多次修订完善，表现出国家对土地生态红线的重视，以及积极扶持水利水电工程移民生产生活安置，提高水利水电工程移民安置的补偿标准。不同时代移民安置的政策发展及特点见表 2-1。

表 2-1　不同时代移民安置的政策发展特点

发展阶段	国家形势	政策体系发展阶段	移民安置工作特点
1950—1978 年	土地改革和农业合作化初期	全国没有制定统一的水库移民法律法规和政策	1. 重工程建设、轻移民安置； 2. 缺少可供实施的移民安置规划； 3. 移民安置普遍强调"以粮为纲"，就地后靠，忽视环境容量可能承受的能力，工作带有一定的盲目性； 4. 移民补偿标准普遍低下，移民经费严重不足； 5. 水库移民工作无法可依
1979—2005 年	全国农村实行家庭联产承包责任制，改革开放	移民安置的政策、方法的探索阶段	1. 我国移民工作明确实行政府负责制； 2. 移民资金管理没有明确规定，没有建立具体的稽察制度； 3. 完善市场经济条件下的移民管理体系； 4. 移民补偿标准的调整，考虑了移民补偿资金在使用过程中的物价上涨（通货膨胀）因素； 5. 移民工作管理方面开始实行业主制、招标投标制，还相继开展了监理、监测和评估等工作
2006—2017 年	水利扶贫开发成为该阶段"脱贫攻坚"十大行动之一	移民工作具有里程碑意义的阶段，政策、法律体系的系统化、规范化	1. 更加突出以人为本的理念； 2. 实行开发性移民发展战略； 3. 具有更强的可操作性，新政策将后期扶持标准统一规定； 4. 调动移民积极性，充分尊重移民意愿并听取移民村群众意见； 5. 建立健全新建水库移民分享工程效益的长效机制； 6. 加强贫困地区的水利基础设施建设短板
2018 年至今	乡村振兴战略的实施对新时代水库移民工作提出了高起点的规划要求，移民安置工作进入新时代	政策、法律体系不断健全、完善与丰富，并具有时代特征	1. 贯彻落实"以人民为中心"的发展理念； 2. 完善水库移民安置方式； 3. 水库移民稳定为各项工作的重中之重，移民的获得感、幸福感、安全感得到显著提升； 4. 新时代法治社会建设对水库移民工作提出了合法性和规范性的法律约束要求

　　近年来，水利水电建设规模不断扩大，与之密切相关的水库移民安置问题受到了社会各界的高度关注。城市化进程的加快使得农村剩余劳动力向城市转移，收入来源多样化，

水库移民维权意识增强,再加上土地制度的改革,水库移民补偿及安置面临着一系列新的挑战。目前我国安置方式有大农业安置和非农业安置,大农业安置包括就地后靠、异地搬迁、投亲靠友、政府调剂;非农业安置包括农转非、二三产业、城乡联动、长期补偿、入股分红、养老保险、自找门路。能够用于安置移民的农业生产安置环境容量十分有限,采用单一的大农业安置方式无法满足现实的需要。只有优化组合现有安置方式,积极进行安置模式创新,才能保障移民利益。六盘水市某水电站将逐年补偿与带地入股相结合的多样化组合方式应用于水库移民补偿与安置,能够在减轻资金筹集压力的同时,为移民收入开拓新的路径,保障了水库移民基本生产与生活。带地入股与逐年补偿相结合能够实现优势互补,解决移民长期动力不足的问题,无论是对移民还是对水电站的发展都具有有利作用,为今后水库移民补偿与安置问题提供了新的路径。

2.2　新时代水利工程移民安置发展与需求

2012 年 11 月,在北京召开的中国共产党第十八次全国代表大会,是在我国进入全面建成小康社会决定性阶段召开的一次十分重要的大会。这次大会明确把科学发展观作为党的指导思想,确立了"两个一百年"奋斗目标,实现了中央领导集体的新老交替。从党的十八大开始,中国特色社会主义进入新时代。党的十八大以来,习近平总书记多次就治水发表重要讲话,明确提出"节水优先、空间均衡、系统治理、两手发力"的治水思路,为推进新时代治水提供了科学指南和根本遵循。习近平总书记指出,"新时代新阶段的发展必须贯彻新发展理念,必须是高质量发展"。"十六字"治水思路贯穿了创新、协调、绿色、开放、共享的发展理念,集中体现了新发展理念在治水领域的精准要求。"十六字"治水思路从根本宗旨看根植于对人民美好生活向往和对中华民族伟大复兴要求的准确把握,从问题导向看产生于对水灾害、水资源、水生态、水环境问题的深刻认识和剖析,从忧患意识看来源于对河川之危、水源之危的深沉忧患意识。贯彻落实"十六字"治水思路是对贯彻新发展理念的具体检验。我们要从贯彻新发展理念的高度理解和把握"十六字"治水思路,坚持以创新为第一动力、以协调为内生特点、以绿色为普遍形态、以开放为必由之路、以共享为根本目的、以安全为底线要求,推进治水为民、兴水惠民,解决水利发展不平衡不充分问题,夯实高质量发展的水安全基础。

2013 年 11 月,习近平总书记在湖南湘西十八洞村首次提出"精准扶贫"的理念。习近平总书记强调:要更加注重对特定人群特殊困难的精准扶贫。在"精准扶贫"的形势下,党和政府保证水库移民都能共享到"改革开放的成果",使其在全面小康建设中不掉队。为贯彻落实中央扶贫开发工作会议精神,深入贯彻习近平总书记系列重要讲话精神,国家发展和改革委员会、财政部、水利部、国务院扶贫办联合印发的《关于切实做好水库移民脱贫攻坚工作的指导意见》(发改农经〔2016〕770 号)明确指出,要运用政策、资金等途径,"让贫困移民得到优先扶持,实现早日脱贫,确保到 2020 年与全国人民一道实现全面小康"。

2020 年 10 月 26—29 日在北京举行的中国共产党第十九届中央委员会第五次全体会议提出,坚持创新在我国现代化建设全局中的核心地位,把科技自立自强作为国家发展的战略支撑,面向世界科技前沿、面向经济主战场、面向国家重大需求、面向人民生命健康,深入实施科教兴国战略、人才强国战略、创新驱动发展战略,完善国家创新体系,加快建设科技强国。要强化国家战略科技力量,提升企业技术创新能力,激发人才创新活力,完善科技创新体制机制。加快发展现代产业体系,推动经济体系优化升级。坚持把发展经济着力点放在实体经济上,坚定不移建设制造强国、质量强国、网络强国、数字中国,推进产业基础高级化、产业链现代化,提高经济质量效益和核心竞争力。要提升产业链供应链现代化水平,发展战略性新兴产业,加快发展现代服务业,统筹推进基础设施建设,加快建设交通强国,推进能源革命,加快数字化发展。优先发展农业农村,全面推进乡村振兴。坚持把解决好"三农"问题作为全党工作的重中之重,走中国特色社会主义乡村振兴道路,全面实施乡村振兴战略,强化以工补农、以城带乡,推动形成工农互促、城乡互补、协调发展、共同繁荣的新型工农城乡关系,加快农业农村现代化。要保障国家粮食安全,提高农业质量效益和竞争力,实施乡村建设行动,深化农村改革,实现巩固拓展脱贫攻坚成果同乡村振兴有效衔接。推动绿色发展,促进人与自然和谐共生。坚持"绿水青山就是金山银山"理念,坚持尊重自然、顺应自然、保护自然,坚持节约优先、保护优先、自然恢复为主,守住自然生态安全边界。深入实施可持续发展战略,完善生态文明领域统筹协调机制,构建生态文明体系,促进经济社会发展全面绿色转型,建设人与自然和谐共生的现代化。要加快推动绿色低碳发展,持续改善环境质量,提升生态系统质量和稳定性,全面提高资源利用效率。改善人民生活品质,提高社会建设水平。坚持把实现好、维护好、发展好最广大人民根本利益作为发展的出发点和落脚点,尽力而为、量力而行,健全基本公共服务体系,完善共建共治共享的社会治理制度,扎实推动共同富裕,不断增强人民群众的获得感、幸福感、安全感,促进人的全面发展和社会全面进步。要提高人民收入水平,强化就业优先政策,建设高质量教育体系,健全多层次社会保障体系,全面推进健康中国建设,实施积极应对人口老龄化国家战略,加强和创新社会治理。

党的十九大报告从经济社会发展全局的高度创造性地提出了"乡村振兴战略",要求坚持农业农村优先发展,按照产业兴旺、生态宜居、乡风文明、治理有效、生活富裕的总要求,建立健全城乡融合发展体制机制和政策体系,加快推进农业农村现代化。从五大要求的实现路径来看,农业农村基础设施和公共服务是乡村振兴总体任务的强力支撑,是实现农业强、农村美、农民富的重大抓手,将贯穿农业农村现代化的全过程。为深入落实党的十九大精神,中共中央、国务院发布了《乡村振兴战略规划(2018—2022年)》(简称《规划》),从《规划》结构来看,农业农村基础设施和公共服务是乡村振兴战略的重要组成部分,《规划》着眼推进城乡一体化和农业农村现代化目标,对基础设施建设和公共服务供给聚焦了方向,部署了新任务,同时配套了一系列重大工程和行动计划,将对农业农村发展产生重大而深远的影响。

"十四五"规划是我国迈向第二个百年目标的开局规划,主题是高质量发展。不但经济发展进入高质量发展阶段,社会、生态、文化、国家治理体系都进入高质量发展阶段。提出了经济社会发展的六大目标:

(1)经济发展取得新成效,在质量效益明显提升的基础上实现经济持续健康发展,增长潜力充分发挥,国内市场更加强大,经济结构更加优化,创新能力显著提升,产业基础高级化、产业链现代化水平明显提高,农业基础更加稳固,城乡区域发展协调性明显增强,现代化经济体系建设取得重大进展。

（2）改革开放迈出新步伐,社会主义市场经济体制更加完善,高标准市场体系基本建成,市场主体更加充满活力,产权制度改革和要素市场化配置改革取得重大进展,公平竞争制度更加健全,更高水平开放型经济新体制基本形成。

（3）社会文明程度得到新提高,社会主义核心价值观深入人心,人民思想道德素质、科学文化素质和身心健康素质明显提高,公共文化服务体系和文化产业体系更加健全,人民精神文化生活日益丰富,中华文化影响力进一步提升,中华民族凝聚力进一步增强。

（4）生态文明建设实现新进步,国土空间开发保护格局得到优化,生产生活方式绿色转型成效显著,能源资源配置更加合理、利用效率大幅提高,主要污染物排放总量持续减少,生态环境持续改善,生态安全屏障更加牢固,城乡人居环境明显改善。

（5）民生福祉达到新水平,实现更加充分更高质量就业,居民收入增长和经济增长基本同步,分配结构明显改善,基本公共服务均等化水平明显提高,全民受教育程度不断提升,多层次社会保障体系更加健全,卫生健康体系更加完善,脱贫攻坚成果巩固拓展,乡村振兴战略全面推进。

（6）国家治理效能得到新提升,社会主义民主法治更加健全,社会公平正义进一步彰显,国家行政体系更加完善,政府作用更好发挥,行政效率和公信力显著提升,社会治理特别是基层治理水平明显提高,防范化解重大风险体制机制不断健全,突发公共事件应急能力显著增强,自然灾害防御水平明显提升,发展安全保障更加有力,国防和军队现代化迈出重大步伐。

2021 年 5 月 14 日,习近平总书记在河南省南阳市主持召开推进南水北调后续工程高质量发展座谈会并发表重要讲话。他强调,南水北调工程事关战略全局、事关长远发展、事关人民福祉。进入新发展阶段、贯彻新发展理念、构建新发展格局,形成全国统一大市场和畅通的国内大循环,促进南北方协调发展,需要水资源的有力支撑。要深入分析南水北调工程面临的新形势新任务,完整、准确、全面贯彻新发展理念,按照高质量发展要求,统筹发展和安全,坚持"节水优先、空间均衡、系统治理、两手发力"的治水思路,遵循确有需要、生态安全、可以持续的重大水利工程论证原则,立足流域整体和水资源空间均衡配置,科学推进工程规划建设,提高水资源集约节约利用水平。

座谈会上,习近平总书记还指出,南水北调等重大工程的实施,使我们积累了实施重大跨流域调水工程的宝贵经验。一是坚持全国一盘棋,局部服从全局,地方服从中央,从中央层面通盘优化资源配置。二是集中力量办大事,从中央层面统一推动,集中保障资金、用地等建设要素,统筹做好移民安置等工作。三是尊重客观规律,科学审慎论证方案,重视生态环境保护,既讲人定胜天,也讲人水和谐。四是规划统筹引领,统筹长江、淮河、黄河、海河四大流域水资源情势,兼顾各有关地区和行业需求。五是重视节水治污,坚持先节水后调水、先治污后通水、先环保后用水。六是精确精准调水,细化制订水量分配方案,加强从水源到用户的精准调度。这些经验要在后续工程规划建设过程中运用好。

2.3　新时代抽水蓄能电站移民安置的时代特征

双碳风潮下,抽水蓄能正迎来前所未有的发展机遇。2021 年 4 月,国家发展和改革委员会出台抽水蓄能电价政策。2021 年 9 月国家能源局发布的《抽水蓄能中长期发展规划(2021—2035 年)》明确,到 2025 年,抽水蓄能投产总规模 6 200 万 kW 以上;到 2030 年,投产总规模 1.2 亿 kW 左右;到 2035 年,形成满足新能源高比例大规模发展需求的技术先进、管理优质、国际竞争力强的抽水蓄能现代化产业,培育形成一批抽水蓄能大型骨干企业。遵循国家能源局发布的《抽水蓄能中长期发展规划(2021—2035 年)》中抽水蓄能电站主要发展原则,新时代抽水蓄能电站移民安置时代特征表现如下。

(1)更加重视移民诉求,持续满足移民对美好生活的愿望和追求。

随着经济社会的发展,移民安置不只满足于生活水平不降低,而是由生活水平为中心逐步转向以移民福祉为中心,将持续提高移民精神、健康、家庭、社会角色、物质、环境等不同层面的福祉作为移民安置发展的出发点与落脚点。

(2)更加重视生态环境,打造"产业兴旺、生态宜居"的文明建设。

一方面抽水蓄能电站发展势不可挡,另一方面移民对美好生活的愿望和追求也更高、更多,建设征地与移民安置发展也将在与自然资源、生态环境、林草、水利等部门沟通协调的基础上,充分提高资源利用效率,推动绿色低碳发展,持续改善环境质量,打造人与自然和谐共生的现代化建设。

(3)更加重视创新性,多措并举开拓移民安置方式。

结合库区经济社会发展,针对不同的安置条件,进行多元安置,构建"就业+技能+保障"的综合安置体系和全面的搬迁建设标准体系。以解决农村移民"搬得出、稳得住、逐步能致富"为出发点,在生产安置方式上,改变传统安置措施,因地制宜,因人而异,按照公平原则,构建"就业+技能+保障"的综合安置体系,建设高质量教育体系,健全多层次社会保障体系,多措并举畅通增收渠道,确保搬迁群众"稳得住、能发展、可致富"。

2.4　抽水蓄能电站移民安置工作的新时代需求

积极落实国家重大战略部署,促进重大水利工程建设,科学谋划新发展阶段水库移民稳定发展蓝图,从顶层设计上研究提出解决制约水库移民稳定发展的思路、措施办法,对于进一步明确新时代水库移民工作的方向和目标,促进水利高质量发展,促进水库移民共同富裕目标的实现,十分重要和迫切。

(1)以人为本的理念更加突出。

新时代,水库移民的主体地位逐渐明显,贯彻落实"以人民为中心"的发展理念,积极推进乡村振兴,实现巩固拓展脱贫攻坚成果同乡村振兴有效衔接,把绿色发展融入水库移民工作,提高水库移民扶持发展的质量和水平,保障移民的合法权益,满足移民生存与发展的需求作为征地补偿和移民安置工作的首要原则,并把以人为本的理念落实到移民安置规划、补偿补助标准、安置规划的实施等各个工作环节,同时还要把重点放在水库移民后代的教育问题上,"春蕾计划"以及国外"教育券"计划都可以作为参考模式,阻断贫困文化的复制和代际传递功能,使水库移民共享水库建设带来的效益成果。

(2)对水库移民工作合法性和规范性的要求更加严格。

新时代法治社会建设对水库移民工作提出了合法性和规范性的法律约束要求。随着《中华人民共和国民法典》《中华人民共和国土地管理法》等水库移民工作重要上位法的颁布、修订与施行,对土地征收征用、移民安置补偿等依法办事、依法移民等方面都提出了具体要求,更加需要构建系统性、操作性更强的法律法规体系,充分发挥政策的引领作用。

(3)国家倡导的新农村建设、新型城镇化发展均需融入水库移民安置工作。

为完善水库移民安置方式,推进水库移民生产生活高质量发展,需要及时把握各地发展的不平衡和差异性,统筹各方资源,创新水库移民发展的安置方式,把移民安置作为加快新农村建设、新型城镇化发展的助推剂,将其纳入当地社会发展总体布局,与新农村建设、新型城镇化发展统筹考虑。通过项目整合、资金整合等方式,充分发挥叠加效应,持续改善库区和移民安置区基础设施和公共服务水平,推进公共服务均等化,生态宜居移民乡村、乡风文明乡村治理全面跟进。

(4)移民管理工作应与"双碳"国家战略下抽水蓄能建设迅猛发展相适应。

"双碳"国家战略改变了抽水蓄能电站的建设格局,抽水蓄能电站密集分布,加快了移民工作强度与速度。移民管理工作中的专业技术人员数量、管理水平、专业素质等应与当下抽水蓄能电站发展形势相匹配。

(5)现代信息技术对水库移民管理工作数字化提出更高的要求。

现代信息技术日新月异,极大地促进了各个领域的快速发展。将现代信息技术应用于水库移民管理工作中,是今后发展的趋势,并具有较大的发展潜力,如搭建建设征地移民安置管理系统,将极大方便管理层、应用用户等资料查阅、管理决策的需求,其数据库将为未来水利发展提供强有力的支撑。新时代水库移民管理工作应加快推进信息化建设,从而推动监管模式的创新。

第 3 章　抽水蓄能电站移民安置方式及实施管理模式

3.1　移民安置管理体制与机制

3.1.1　管理体制与机制发展过程及现状

抽水蓄能电站工程是新能源发展的重要组成部分,我国特高压输电、智能电网的发展都需要加大抽水蓄能电站建设。"十二五"以来,国家抽水蓄能电站工程建设进入快速发展期,其工程建设规模大,工程建设具有环境影响小、经济效益、生态效益大、基础设施建设投资大等特点,对县、市地方人民政府而言往往是单体投资规模最大的项目之一,根据不完全统计,新时代建设的大型抽水蓄能电站工程基本上被列为省级重点建设工程、国家能源局可再生能源重点建设工程。

抽水蓄能电站工程建设属水电工程,而水利水电工程建设征地移民安置实施依据的法规条例主要就是《移民条例》,而征地移民问题的处理解决往往需要良好的制度保障。我国各级人民政府建立移民管理体制的依据来源就是《移民条例》。在移民安置管理体制改革过程中,强调中央和省级人民政府的宏观管理与监督作用,明确发挥县级政府在移民实施管理中的基础性作用,重视项目法人在征地与移民安置过程中的参与作用,引入社会第三方的监督评估机构,加强征地移民实施全过程的社会监督与评估。

"十五"之前,我国抽水蓄能电站工程建设,起步于 20 世纪 70 年代左右的岗南和密云两座小型混合式抽水蓄能电站,至 20 世纪 80 年代中后期,随着改革开放带来的经济社会快速的发展,我国电网规模不断扩大,国家以火电为主的电网结构,缺少经济的、有效的调峰手段,修建抽水蓄能电站解决电网的调峰问题逐步形成共识。为此,国家有关部门组织开展了较大范围的抽水蓄能电站资源普查和规划选点,制定了抽水蓄能电站发展规划,抽水蓄能电站的建设步伐得以加快。20 世纪 90 年代,随着改革开放的深入,国民经济快速发展,抽水蓄能电站建设也进入了快速发展期。先后兴建了广蓄一期、北京十三陵、浙江天荒坪等大型抽水蓄能电站。"十五"期间,又相继开工了张河湾、西龙池、白莲河等一批大型抽水蓄能电站。

其间,由于国家机构改革工作,抽水蓄能电站工程建设管理的隶属关系也相应发生变化。1979 年水利电力部分设为水利部和电力工业部;1982 年,再次将水利部和电力工业部合并,第二次设立水利电力部;1988 年,撤销水利电力部,成立能源部和水利部;1993 年,撤销能源部,第三次成立电力工业部。1997 年,国家电力公司正式成立。根据《国务院关于组建国家电力公司的通知》确定的原则,按照政企分开的要求,将电力工业部所属的企事业单位划归国家电力公司管理;1998 年,撤销电力工业部,电力工业的政府管理职能并入国家经济贸易委员会。国家电力公司作为国务院出资的企业单独运营,标志着我国电力工业管理体制由计划经济向社会主义市场经济转变,实现了政企分开的历史性转折。

根据我国的土地制度改革的有关历史进程,结合我国抽水蓄能电站工程建设的阶段,“十五”之前的我国抽水蓄能电站工程建设征地移民工作基本上都处于“家庭联产承包责任制”制度施行之后,期间的抽水蓄能电站工程建设征地和移民安置实施管理体制基本上与水库工程建设征地移民管理体制类似。抽水蓄能电站工程建设征地移民相对水电站工程建设具有征地和移民搬迁安置数量相对较少,有关政府对其征地移民问题的关注度相对较低,同时该时期建设的抽水蓄能电站往往以原有下水库基础上建设较多,因此 20 世纪 90 年代以前的抽水蓄能电站工程建设普遍存在“重工程、轻移民,重搬迁、轻安置”现象,过分强调国家利益和整体利益而损害了个人利益和集体利益,过分依靠思想政治工作而忽视了实际情况,补偿项目偏少,补偿标准偏低,因此普遍遗留下了吃水难、行路难、就医难、生产难等一系列问题。其管理体制基本上由省级人民政府按照批准的概算包干使用的管理体制,项目法人负责工程建设。1991 年,国家根据当时的《中华人民共和国土地管理法》和《中华人民共和国水法》颁布了国务院第 74 号令,即《移民条例》,根据该条例第十一条:“经批准的移民安置规划,由县级以上地方人民政府负责实施,按工程建设进度要求组织搬迁,妥善安排移民生产和生活”的有关内容,其征地移民实施管理完全强调了政府为主体的,由省、市人民政府为实施组织的管理体制,按照其下达征地移民工作计划具体实施。

“十一五”以来,国家进一步明确了水利水电工程建设移民安置工作的管理体制。2006 年,国家对《移民条例》内容进行了较大的修订,经历 2013 年两次修正和 2017 年修正后,征地移民实施管理也进入了新时代的管理要求。新的《移民条例》第五条明确:移民安置工作实行“政府领导、分级负责、县为基础、项目法人参与”的管理体制。国务院水利水电工程移民行政管理机构(简称国务院移民管理机构)负责全国大中型水利水电工程移民安置工作的管理和监督。

县级以上地方人民政府负责本行政区域内大中型水利水电工程移民安置工作的组织和领导;省、自治区、直辖市人民政府规定的移民管理机构,负责本行政区域内大中型水利水电工程移民安置工作的管理和监督。

我国的抽水蓄能电站工程建设在“十一五”以来,特别是“十二五”以来又进入了一个快速发展的建设新阶段。新时代全面依法建设抽水蓄能电站工程,依法开展征地移民工作。根据抽水蓄能电站工程建设投资的特点,项目法人多为电网或电力、能源投资企业成立项目法人单位(公司),负责征地移民的资金筹措,同时根据工程建设进度计划,提出征地移民安置的工作计划和建议,参与征地移民的实施工作,及时了解征地移民工作的动态情况,为工程建设决策提供依据。根据有关条例的规定,项目法人与地方政府(多为县级人民政府)签订移民安置协议,明确了县为基础的实施管理体制,县级人民政府组织开展征地移民的实施组织管理工作,省、市级移民管理机构负责征地移民工作的管理和监督。

同时根据抽水蓄能电站工程属于水电能源建设管理范畴,根据新的《移民条例》的有关规定,对征地移民实施全过程监督评估。移民监理单位和独立评估单位作为监督评估机构,代表社会的第三方全过程进行监督评估工作。

3.1.2　安置管理体制与机制实践特点与分析

征地移民实施管理体制是水利水电工程土地征收征用、移民搬迁与安置全过程实施的监督管理、机构设置、领导及隶属关系和管理职责权限划分等方面的制度、方法、形式和体系的总称,其基本的运行规则包含征地移民实施过程管理的重大决策、政策研究与制定、实施规划(方案)的审查与批复、移民监理与独立评估单位选择与管理、移民资金的使用与管理、移民验收等主要管理流程和运行体系。

征地移民实施管理体制作为水利水电工程征地移民实施过程的一种宏观管理结构,是征地移民实施管理首先要明确的体制。从管理学的角度看,它应由明确的规划、确定的权责和严格的制度构成,涉及征地移民实施管理主体及其权责关系的一整套制度体系,核心是征地移民管理机构职责定位,重点是处理工程建设中涉及的政府、项目法人和参建机构以及征地移民群众四者之间的关系,关键是征地补偿和移民安置决策结构的合理配置,作用是协调各单位保障征地移民工作的顺利开展,以保证工程建设的顺利实施。

3.1.2.1　移民安置协议内容与管理

根据《移民条例》第二十七条:大中型水利水电工程开工前,项目法人应当根据经批准的移民安置规划,与移民区和移民安置区所在的省、自治区、直辖市人民政府或者市、县人民政府签订移民安置协议;签订协议的省、自治区、直辖市人民政府或者市人民政府,可以与下一级有移民或者移民安置任务的人民政府签订移民安置协议。根据我国目前多数抽水蓄能电站工程建设规划的具体特点,往往仅涉及一个县(区),个别出现跨县(区)的情况,因此根据国家《移民条例》和有关地方人民政府的要求,通常由项目法人根据批准的移民安置规划,与县(区)人民政府签订移民安置协议。移民安置协议的签订,标志着抽水蓄能电站工程建设征地和移民安置的实施管理工作由政府领导和负责组织,也标志着征地移民安置实施工作的开始,同时也是地方人民政府开展征地移民实施工作的重要依据之一。

新时代抽水蓄能电站工程建设征地和移民安置的移民安置协议签订应建立在全面依法依规开展征地移民实施工作的基础上,因此移民安置协议的签订方式、内容和管理显得尤为重要。

研究组通过收集河南省的洛宁、天池、宝泉、五岳,河北省的易县、阜宁,山东省的临朐,海南省的琼中,江西省的洪屏等抽水蓄能电站工程建设征地移民安置的移民安置协议的签订信息情况,除宝泉和洪屏抽水蓄能电站为"十五"至"十一五"期间建设的抽水蓄能电站外,其他均为近期开工建设的抽水蓄能电站工程,其征地移民的安置协议呈现的特点较为明显(见表3-1)。

表 3-1　收集样本抽水蓄能电站移民安置协议签订情况统计

序号	电站名称	所属区域	隶属	协议方式	签订年份
1	宝泉	河南省辉县市	国网	包干协议	2003
2	洪屏	江西省靖安县	国网	包干协议	2010
3	琼中	海南省琼中县	南网	移民安置协议	2011
4	天池	河南省南召县	国网	移民安置协议	2014
5	易县	河北省易县	国网	移民安置协议	2018
6	洛宁	河南省洛宁县	国网	移民安置协议	2017
7	阜宁	河北省抚宁区	国网	移民安置协议	2019
8	潍坊	山东省临朐县	国网	移民安置协议	2019
9	五岳	河南省光山县、罗山县	中核	移民安置协议	2019

　　前期的移民安置协议均为征地移民包干协议,新时代建设抽水蓄能电站工程的征地移民工作绝大多数是根据《移民条例》的有关规定,为项目法人与地方人民政府签订的移民安置协议,不论是签订包干协议还是签订移民安置协议,其目的和作用相当,都是进一步通过项目法人与地方人民政府签订协议的方式,明确约定抽水蓄能电站工程建设征地移民实施管理工作由政府组织实施的核心内涵,是贯彻落实国家《移民条例》明确的水利水电工程征地移民实行"政府领导、分级负责、县为基础、项目法人参与"的实施管理体制的规定。

　　因此,项目法人与县(区)以上地方人民政府签订移民安置协议也是水利水电工程移民实施管理过程中稽察、检查的内容之一。

　　签订的移民安置协议是指导工程建设征地移民安置实施管理的重要依据之一,如何签订移民安置协议,移民安置协议的主要内容有哪些,是征地移民实施管理顶层设计内容之一。通过样本调查发现,部分水利水电工程以及较早时期签订的移民包干协议或移民安置协议的内容较为简单,随着新时代依法依规做好征地移民实施工作的管理要求和规范推进征地移民实施管理工作,新时代签订的抽水蓄能电站工程建设征地移民安置协议越来越规范化、格式化。

3.1.2.2　移民实施管理机构成立与管理

　　移民实施管理机构的成立与管理,在水利水电工程建设征地移民安置实施中随着国家机构改革的步伐,水利工程和水电工程近年来存在一定的差异。总体来说,根据工程建设项目的不同,都按照"政府领导、分级负责、县为基础、项目法人参与"的管理体制在运行。比如小浪底水库和江垭水库的移民管理体制,按照水利部和省级人民政府的有关规定,由省级负责按移民安置规划组织实施,按国家批准的概算计划统筹使用。"十二五"以来,随着省级移民管理机构的职能转变和机构改革,省级移民管理机构在具体水利水电工程建设征地移民安置实施过程中的作用为监督管理和指导,充分发挥县级人民政府为基础的实施管理体制。

对比洪屏、天池、洛宁、抚宁、五岳、潍坊、磐安、鲁山 8 个抽水蓄能电站征地移民实施机构的成立情况(见表 3-2)可见,抽水蓄能电站移民实施机构均为由县级人民政府组织成立,移民机构性质可采用临时机构或常设机构,办公形式有负责人职能唯一的独立办公及负责人兼职组合办公两种,尽管组合办公兼职的情况目前较为普遍,从协调力度上有一定的优势,但在实际机构运转过程中,临时机构负责人多为县发展和改革委员会主任兼任,由于发展和改革委员会日常事务的需要,负责人从事的原主单位工作事务及时长比临时机构的要多,常导致实施机构运转效率大大降低,一定程度上限制了移民实施的高效运转,由此可见,将移民机构设置为常设机构独立办公的组织管理体制是推进移民安置工作的强有力的保障。

表 3-2　抽水蓄能电站移民实施机构情况统计

序号	电站名称	位置	县级移民机构名称	成立年份	机构性质	办公形式
1	洪屏	江西靖安县	项目指挥部办公室	2010	临时机构	独立办公
2	天池	河南南召县	项目建设领导小组办公室	2015	临时机构	独立办公
3	洛宁	河南洛宁县	洛宁抽水蓄能电站管理处	2016	常设机构	独立办公
4	抚宁	河北秦皇岛抚宁区	支援抽水蓄能电站项目建设指挥部办公室	2017	临时机构	组合办公
5	五岳	河南信阳光山县、罗山县	项目服务协调指挥部办公室、项目服务协调领导小组办公室	2019	临时机构	组合办公
6	潍坊	山东临朐县	项目征地拆迁指挥部办公室	2019	临时机构	组合办公设在乡镇
7	磐安	浙江磐安县	项目建设指挥部办公室	2019	临时机构	组合办公
8	鲁山	河南鲁山县	项目建设指挥部办公室	2021	临时机构	组合办公

注:独立办公主要是项目指挥部办公室为政府成立单独任命负责人,一般不兼任其他单位负责人。

研究组还横向调研了水利工程的线性工程河南省黄河下游近期防洪工程永久用地征迁安置机构成立和设置情况,由河南省移民办发函至各市(县)人民政府,要求在 2012 年 9 月底前成立机构,各有关市(县)人民政府在省移民办的督促指导下,相继成立了黄河下游近期防洪工程建设征迁工作机构,并上报省移民办。各机构见表 3-3。

表 3-3　河南省黄河下游近期防洪工程永久用地征迁安置机构成立情况

序号	成立时间	成立机构	办公地点
1	9 月 10 日	焦作市黄河下游近期防洪工程建设征迁移民工作领导小组	焦作市移民局
2	9 月 10 日	武陟县黄沁河防洪工程征地赔偿与移民安置领导小组	武陟第一黄河河务局
3	9 月 11 日	新乡市黄河近期防洪工程建设征地移民工作领导小组	新乡市移民办

续表 3-3

序号	成立时间	成立机构	办公地点
4	9 月 7 日	封丘县黄河近期防洪工程建设征地移民工作领导小组	封丘县移民办
5	9 月 13 日	长垣县黄河防洪工程建设征地移民工作领导小组	长垣黄河河务局
6	9 月 14 日	濮阳市黄河下游近期防洪工程建设占地 处理及移民安置工作领导小组	濮阳市水利局
7	9 月 15 日	濮阳县黄河下游近期防洪工程建设占地处理 及移民安置工作领导小组	濮阳县水利局
8	9 月 10 日	范县黄河防洪工程建设征地补偿与 移民安置工作领导小组	范县黄河河务局
9	9 月 10 日	台前县黄河下游近期防洪工程建设 占地处理及移民安置工作领导小组	台前黄河河务局
10	9 月 3 日	开封市黄河下游近期防洪工程建设 永久用地征迁工程领导小组	开封市移民办
11	9 月 7 日	兰考县黄河防洪工程建设征地移民工作领导小组	兰考县政府办

河南省黄河下游近期防洪工程永久用地征迁安置机构的成立和设置中,市级征迁机构主要为上传下达,同时督促县征迁机构实施,特别是按照省移民办的具体工作要求,协调各有关单位督促、配合县征迁机构按照实施规划和工作计划实施。县征迁机构是按照批复的实施规划具体实施,体现县为基础的管理体制,同时接受省(市)征迁机构的指导和监督,接受监督评估单位的监督评估工作等。

经过横向和纵向的对比分析座谈和调研成果,新时代抽水蓄能电站工程建设征地移民议事机构和实施机构多为临时成立,设在发展和改革委员会或直接由县政府领导,其机构突出了县为基础的移民实施管理体制,但是在征地移民实施过程中存在移民干部业务需要不断加强、征地移民实施过程中产生的遗留问题处理需要实施机构有所担当,以免后期存在部门之间的推诿现象,临时成立的实施管理机构与移民管理机构的业务需要在实施过程中加强沟通与联系,以免出现验收阶段沟通不够顺畅等诸多问题,洛宁县人民政府在洛阳市人民政府的审批下成立了洛宁抽水蓄能电站管理处,作为常设机构设在县政府办公室,大大提高了组织协调征地移民实施的效率和力度,同时避免了后期遗留问题处理、验收阶段沟通不畅等机构间的协调联系问题,值得推广。

在抽水蓄能电站工程建设征地移民安置县级移民实施机构成立的实践方面,经过调研多个县级移民实施机构,省级和市级移民管理机构层面的不统一性,加上新时代建设抽水蓄能电站工程的多项工程建设管理工作归口为能源局部门管理,而移民管理系统多为水利部门或扶贫部门,因此县级移民实施机构成立也基本不统一,有的成立临时指挥部办公室,有的成立领导小组办公室等直接组织实施征地移民实施工作,造成上级移民管理部门管理体制不顺畅、监督管理和指导的难度大,有些地方成为征地移民实施过程中的监督管理真空地带,缺乏必要的监督管理和指导,因此建议在省级管理办法的层面明确建立市县两级水利水电工程移民实施管理机构备案制度,由地方人民政府组织成立,明确职责范围后逐级上报备案。

项目法人是项目建设的责任主体,依法对所开发的项目负有项目的策划、资金筹措、建设实施、生产经营、债务偿还和资本的保值增值等责任,并享有相应的权利。按照国家有关规定,新时代抽水蓄能电站工程建设的项目法人一般为电网企业或发电投资建设企业的项目法人。项目法人的主管单位往往是上级集团公司或者投资主体管理公司。

从调研的新时代抽水蓄能电站工程建设的项目法人来看,绝大多数为国家电网公司、南方电网公司和发电企业投资公司成立,具有显著的水电开发利用、能源建设的属性。

因项目法人参与征地移民实施的体制环境下,一般未成立专门的移民部门,作为征地移民实施的投资主体,在建设新时代法治国家形势下,项目法人主要职责是对工程建设的全过程管理负责,按照基本建设程序和批复的建设规模、内容、标准组织工程建设,对项目建设的工程质量、工程进度、资金管理和生产安全负总责,并接受上级集团公司和地方各级人民政府主管部门监督。在征地移民实施管理方面,项目法人主要职责如下:

(1)与地方人民政府签订移民安置协议,全过程参与征地移民安置工作,根据工程建设进度,提出征地移民工作计划需求,同时负责建设征地的有关土地手续办理。

(2)依法对工程征地移民项目的综合监理机构等组织招标与合同约定管理。全过程组织协调参建单位对征地移民安置工作做好综合监理等服务。根据调查结果,移民综合设代机构和独立评估机构一般由签订移民安置协议的地方人民政府负责组织招标与合同管理,也有个别项目由项目法人负责。

(3)按征地移民进度和移民安置协议积极筹措和拨付移民资金。

(4)负责与项目所在地人民政府及有关部门协调,创造良好的工程建设环境。

(5)负责通报工程建设情况,按规定向主管部门报送计划、进度、投资完成情况等。

3.1.2.3 实施管理制度与办法

经调查研究,为做好新时代水利水电工程建设征地移民安置工作,根据《移民条例》《水利水电工程移民档案管理办法》和《水利水电工程移民安置验收规程》以及其他有关规范、规程等,移民管理和实施机构组织制定一系列针对工程项目建设征地移民安置的管理办法、细则等,针对新时代抽水蓄能电站工程建设征地移民安置实施管理的相关办法、细则主要有:规划实施管理办法、奖惩办法、档案管理办法、资金管理办法、会计核算办法、设计变更管理办法、预备费使用管理办法、验收实施细则等。

档案管理办法、资金管理办法和会计核算办法、设计变更管理办法等将分别在移民档案管理、移民资金管理、规划设计管理等章节详细介绍,以下主要介绍其他几个办法的制定和主要内容。

1. 工程征地补偿和移民安置规划实施管理办法

为规范水利水电工程建设征地补偿和移民安置实施工作,维护移民合法权益、保障工程建设顺利进行,国务院 1991 年出台、2006 年和 2017 进行修订的《大中型水利水电工程建设征地补偿和移民安置条例》是大中型水利水电工程征地补偿和移民安置规划实施管理的直接政策依据,对管理体制、移民安置规划编制、变更、审批、实施过程、资金管理等进行了规定。

2012 年河南省结合实际情况,制定了《河南省水利水电工程征地补偿和移民安置规划实施管理办法》(豫移安 2012-55 号),2019 年,河南省人民政府制定印发了《河南省〈大中型水利水电工程建设征地补偿和移民安置条例〉实施办法》(河南省政府令第 189 号),进一步明确了河南省各级人民政府在水利水电工程征地补偿和移民安置规划实施工作的具体职责;对征地管理的详细程序、移民安置项目管理、招标投标制、合同制管理、工程监理制、资金管理、竣工决算管理、征地移民安置规划变更和概算调整、监督管理等全过程做出了较为详细的操作性规定。该管理办法成为河南省水利水电工程建设征地和移民安置规划实施管理的主要依据。

2. 工程建设征地和移民安置工作奖惩办法

为了促进工程建设征地和移民安置工作,激励先进,鞭策后进,确保工程顺利建设,研究调研多个项目均制定了相应的征地移民工作奖惩办法。

征地移民安置工作奖励坚持客观公正、实事求是、和谐移民、注重时效、保障工程建设需要的原则,以征地移民安置工作整体考核和分项考核相结合,定性考核与定量考核相结合。征地移民安置工作奖励对象一是省辖市、县(市、区)人民政府,各级组织或参与征迁工作的部门,被征迁的企事业单位,有关设计、监理等技术服务单位。奖励依据是按进度计划完成征地移民安置任务阶段性目标和整体性目标。惩罚依据是督察中发现的问题。确定了省辖市、县(市、区)政府和征迁部门获得奖励的条件;专项设施主管单位、企事业单位获得奖励条件;征地移民安置的设计、监理等技术服务单位获得奖励条件。二是被征地移民搬迁的家庭和个人。对于提前完成搬迁和拆除附属物以及按时完成搬迁的移民搬迁户,给予不同额度的奖励。奖励资金来源为工程建设征地移民安置的基本预备费。

为了保证奖励的公平公正,对有关省辖市人民政府或移民机构开展的征地移民安置工作由省移民管理机构组织评价;县(市、区)征地移民安置工作由市移民管理机构进行评价,评价结果报省移民管理机构。评价的依据是征地移民安置工作目标的完成情况和督察情况。专项设施主管单位、企事业单位,征地移民安置的设计、监督评估等技术服务单位达到奖励条件,根据隶属关系或者合同关系向移民主管部门申报,逐级提出审核意见报省移民管理机构整合评定。被征迁家庭及个人,由省辖市、县(市、区)征迁机构会同乡(镇)人民政府核定,逐级报批。对移民机构工作人员奖励,由移民机构提名报上级移民管理机构核定。

3. 信访稳定工作机制

征地移民是国家为了公共利益的需要而动用国家征用权从农民家庭征用土地的一种政府行为,涉及广大被征地家庭的切身利益,如果处理不好容易产生社会矛盾,激化政府与被征迁户之间的矛盾,产生社会稳定的风险,对工程建设顺利进行造成影响。为了促进科学决策、民主决策、依法决策,预防和化解社会矛盾,2012 年 8 月,国家发展和改革委员会《关于印发〈国家发展改革委重大固定资产投资项目社会稳定风险评估暂行办法〉的通知》指出,项目单位在组织开展重大项目前期工作时,应当对社会稳定风险进行调查分析,征询相关群众意见,查找并列出风险点、风险发生的可能性及影响程度,提出防范和化解风险的方案措施,提出采取相关措施后的社会稳定风险等级建议。由项目所在地人民政府或其有关部门指定的评估主体组织对项目单位做出的社会稳定风险分析开展评估论证,根据实际情况可以采取公示、问卷调查、实地走访和召开座谈会、听证会等多种方式听取各方面意见,分析判断并确定风险等级,提出社会稳定风险评估报告。评估报告的主要内容为项目建设实施的合法性、合理性、可行性、可控性,可能引发的社会稳定风险,各方面意见及其采纳情况,风险评估结论和对策建议,风险防范和化解措施以及应急处置预案等内容。评估主体作出的社会稳定风险评估报告是国家发展和改革委员会审批、核准或者核报国务院审批、核准项目的重要依据。

河南省移民办根据《国家发展改革委重大固定资产投资项目社会稳定风险评估暂行办法的通知》精神,从宏观上对黄河下游近期防洪工程永久用地征迁安置的社会稳定风险评估进行指导,具体工作由市级征迁机构负责,进行征迁安置信访稳定风险评估,建立和完善突发事件处置预案。同时,信访是移民群众表达诉求与不满、获取移民第一手信息的十分重要的渠道。处理移民及群众信访是搞好征迁工作的重要基础,是化解政府、业主与移民之间的矛盾的重要保障。为了对项目实施过程中出现的问题与矛盾提供畅通的申诉渠道,河南省移民办十分重视信访维稳机制建设。河南省移民办根据国家关于信访工作条例与管理办法的要求,在强化自身信访工作机制的同时,督促市(县)征迁安置部门加强信访工作机制建设,要求市(县)建立信访工作台账、信访工作责任和信访销号制度。各市征迁领导小组按照河南省移民办的总体要求,加强信访工作机制建设,充分发挥市县信访局的作用,将信访局作为小组成员单位,并明确专人负责信访工作。各县均成立了由公安、检察、纪检、信访、水利、河务等部门组成的信访工作组,建立高效通畅的信访渠道和处理机制,随时接待群众来访。同时河南省移民办要求政府部门改变过去消极被动的工作方式,要变群众上访为干部下访,要求移民管理部门办公室地点设在第一线,直接倾听移民群众的意见与想法,把基层问题解决在基层,解决在萌芽状态,确保实现和谐征迁。

4. 移民干部人才建设机制与培训

水利水电工程征地移民安置工作是一项复杂的社会性、系统性的工作,党的十八大以来,国家高度重视扶贫和移民工作,如何做好移民干部队伍建设,建设政治能力强、业务能力精、干部作风硬、工作效率高的移民干部队伍,不但需要不断地对移民干部进行培训,还需要国家和地方人民政府建立移民干部人才建设机制。

国家历来十分注重各级移民管理机构的移民干部能力提升培训工作,从省、市、县建立了一整套培训体系,针对各类管理岗位的特点和实际管理工作的需要,采取多种形式,对管理人员进行分类培训。根据有关设计规范,从移民概算中批复移民技术培训费,水电工程征地移民概算批复的移民技术培训费一般占农村部分费用的 0.5%,其中移民干部培训一般占培训总费用的 40%～50%。

征地移民搬迁安置工作是一项政策法律性强、操作严谨性高的工作,移民工作的复杂性、政策性、群众性、系统性决定了移民工作干部必须具备较强的政治水平和较高的业务素质,才能适应错综复杂的移民工作需要。

　　移民干部培训的主要目的是通过培训使干部对工程征地与移民安置规划的编制、审核、实施、监督评估、移民资金管理、档案管理等全过程的了解,明确各自的权利、责任、目标与任务,增强各个部门移民干部的协同配合意识,为提高实施过程的管理效率奠定良好的基础。移民干部培训的对象除各级移民管理机构的工作人员外,培训的对象应主要包括县移民实施机构的征地、档案管理、资金管理等业务骨干和移民参建机构代表,同时还应包括涉及征地移民安置的乡镇、村干部等。

　　实施过程中各级移民管理机构管理人员的培训工作,按照专门的培训经费,实行专款专用,委托培训咨询机构或专门安排培训内容,采取多种形式如集中培训与分散培训相结合、举办专题培训班、以会代训等重点对移民干部进行培训,培训内容主要侧重于工程移民规划设计情况、移民政策、移民实施规划(方案)编制、征地移民的内容和工作方法、移民档案管理、移民资金使用管理等,通过培训使移民干部吃透政策,掌握标准,确保征地移民安置工作中政策执行不折不扣,补偿标准不突不破的基本目标。

　　根据国家有关政府购买公共服务体系的制度改革的方向,针对水电工程建设、抽水蓄能电站工程建设征地和移民安置的规模情况,建议有关部门完善政府购买服务的制度体系,在新时代抽水蓄能工程建设征地移民安置实施管理方面开展和推广抽水蓄能电站工程建设征地和移民安置实施过程的购买公共服务的范围。自党的十八大深化机构改革以来,水利工程建设征地移民实施管理过程中,关于移民验收咨询服务、移民档案整理咨询服务、移民培训技术服务等均开展了较多的政府购买服务行为,由移民实施机构组织通过购买技术服务的方式,不但节约了移民管理机构的人员投入,提高了工作效率,而且推进了征地移民工作部门技术方面的规范化和标准化。

3.1.3　安置管理体制与机制经验与建议

3.1.3.1　移民安置管理体制的有效组织形式

　　新时代全面依法建设抽水蓄能电站工程,依法开展征地移民工作。根据抽水蓄能电站工程建设投资的特点,项目法人多为电网或电力、能源投资企业成立项目法人单位(公司),负责征地移民的资金筹措,同时根据工程建设进度计划,提出征地移民安置的工作计划和建议,参与征地移民的实施工作,及时了解征地移民工作的动态情况,为工程建设决策提供依据。根据有关条例的规定,项目法人与地方人民政府(多为县级人民政府)签订移民安置协议,明确了县为基础的实施管理体制,县级人民政府组织开展征地移民的实施组织管理工作,省、市级移民管理机构负责征地移民工作的管理和监督。同时根据抽水蓄能电站工程属于水电能源建设管理范畴及新的《移民条例》有关规定,对征地移民实施全过程监督评估。移民监理单位和独立评估单位作为监督评估机构,代表社会的第三方全过程进行监督评估工作。

3.1.3.2　移民安置管理机制的经验

　　1.移民安置管理形式的规范化

　　新时代抽水蓄能电站工程建设征地和移民安置的移民安置协议签订应建立在全面依法依规开展征地移民实施工作的基础上,通过对比洛宁、天池、宝泉、五岳、易县、阜宁、潍坊、琼中及洪屏等抽水蓄能电站工程建设征地移民安置的移民安置协议的签订信息情况,除宝泉和洪屏抽水蓄能电站为"十五"至"十一五"期间建设的抽水蓄能电站外,其他均为近期开工建设的抽水蓄能电站工程。随着新时代依法依规做好征地移民实施工作的管理要求和规范推进征地移民实施管理工作,新时代签订的抽水蓄能电站工程建设征地移民安置协议更加规范化、格式化。

2.加强移民实施管理方法的贯彻与应用

为做好新时代水利水电工程建设征地移民安置工作,根据《移民条例》《水利水电工程移民档案管理办法》《水利水电工程移民安置验收规程》以及其他有关规范、规程等,移民管理和实施机构组织制定一系列针对工程项目建设征地移民安置的管理办法、细则等,针对新时代抽水蓄能电站工程建设征地移民安置实施管理的相关办法、细则主要有:规划实施管理办法、奖惩办法、档案管理办法、资金管理办法、会计核算办法、设计变更管理办法、预备费使用管理办法、验收实施细则等。

3.2　移民安置规划设计

3.2.1　规划设计依据与内容

3.2.1.1　规划设计的原则与依据

水电工程建设征地移民安置规划设计工作是水电工程项目设计的重要组成部分,移民安置规划设计提出的移民安置规划经批复后是组织实施移民安置工作的基本依据,也是项目法人单位与移民区和移民安置区所在地方人民政府签订移民安置协议的重要依据。

建设征地移民安置规划设计主要工作内容包括:根据工程设计内容和相关指标要求确定建设征地处理范围,水电工程建设征地实物指标调查的技术归口和指导,分析调查区域社会经济状况,研究建设征地移民安置对地区经济社会的影响,根据征地移民处理范围和地方人民政府及移民群众的实际利益,参与并提出工程建设方案的论证意见和建议,提出移民安置总体规划,根据社会稳定风险评估、国土有关规划、环境保护范围等做出农村移民安置、城(集)镇迁建、专业项目处理、库底清理、移民安置区环境保护和水土保持的规划设计,提出水库水域开发利用和水库移民后期扶持措施,编制建设征地移民安置补偿费用概(估)算等。

水电工程建设征地移民安置规划设计原则如下。

(1)《移民条例》第四条明确以人为本,保障移民的合法权益,满足移民生存与发展的需求的原则。坚持"以人为本"的原则,使移民群众"搬得出、稳得住、能发展"。

(2)坚持对国家、对征地群众负责、实事求是、符合政策的原则,做到移民安置与资源开发、环境保护与经济社会协调发展。征地补偿和拆迁安置,应遵循公开、公平和公正的原则,正确处理国家、集体、个人三者的利益关系。

(3)征地面积一般以项目法人委托的测绘单位打桩定界测设成果为基础,经县移民实施机构组织县级国土部门牵头复核结果为准;征用土地地类确定以国土部门和林业部门有关数据为准,地籍测绘单位与设计单位会同乡(镇)人民政府共同确定的结果为准;

土地权属以乡(镇)人民政府会同村组组织共同确定的结果为准。

(4)坚持以大农业安置为主的方针,充分发掘利用当地资源优势,在环境容量允许并且有持续发展条件的情况下,以本村安置为主。有条件的抽水蓄能电站可结合小城镇建设安置。

(5)安置区一般征地移民规模较小,适合集中安置为主,特殊情况下采用分村后靠安置方式。安置点选址避开不良地质及自然灾害区,同时应在城乡国土规划符合条件的位置,控制地面附属物数量,避免因安置区选择产生二次搬迁。

(6)企业、单位搬迁及专业项目复建坚持"三原"(原规模、原标准、恢复原功能)和节约用地的原则。新址选择应避开居民区、不良地质及自然灾害区,并应符合环保要求。

(7)项目实行概算批复限额设计,移民安置方案应经济合理、技术可行。

水电工程建设征地移民安置规划设计依据见表 3-4。

注意部分水电工程的征地移民安置有关规范在水利工程专业方面也有相应的规范,由于抽水蓄能电站的水电工程建设属性,应当适用的规程规范为水电工程规范。

表 3-4　水电工程建设征地移民安置规划设计依据一览

	法律法规
1	《中华人民共和国土地管理法》
2	《中华人民共和国森林法》
3	《中华人民共和国环境保护法》
4	《中华人民共和国文物保护法》
5	《中华人民共和国水法》
6	《中华人民共和国水土保持法》
7	《中华人民共和国城乡规划法》
8	《中华人民共和国耕地占用税法》
9	《河道管理条例》
10	《土地管理法实施条例》
11	《森林法实施条例》
12	《大中型水利水电工程建设征地补偿和移民安置条例》
13	《关于进一步做好征地管理工作的通知》
14	《关于落实发展新理念 加快农业现代化实现全面小康目标的若干意见》
15	《关于做好水电开发利益共享工作的指导意见》发改能源规〔2019〕439 号
16	地方实施相关国家法律法规具体文件
17	关于省市地方人民政府的各类补偿和税费缴纳文件

续表 3-4

	相关标准和规程、规范
1	《土地利用现状分类》(GB 21010—2017)
2	《房产测量规范》(GB/T 17986—2000)
3	《防洪标准》(GB/T 50201—2014)
4	《水电工程水利计算规范》(NB/T 10083—2018)
5	《建筑工程建筑面积计算规范》(GR/T 50353—2013)
6	《森林资源规划设计调查技术规程》(GB/T 26424—2010)
7	《水电工程建设征地移民安置规划设计规范》(NB/T 10876—2021)
8	《水电工程农村移民安置规划设计规范》(NB/T 10804—2021)
9	《水电工程移民专业项目规划设计规范》(NB/T 10801—2021)
10	《水电工程水库库底清理设计规范》(NB/T 10803—2021)
11	《水电工程建设征地处理范围界定规范》(NB/T 10338—2019)
12	《水电工程建设征地实物指标调查规范》(NB/T 10102—2018)
13	《水电工程移民安置城镇迁建规划设计规范》(NB/T 10864—2021)
14	《水电工程建设征地移民安置补偿费用概(估)算编制规范》(NB/T 10877—2021)
15	《水电工程建设征地移民安置规划大纲编制规程》(NB/T 35069—2015)
16	《水电工程建设征地移民安置规划报告编制规程》(NB/T 35070—2015)
17	《森林经营技术规程》(DB 21/T 706—2013)
18	《林地分类》(LY/T 1812—2021)
19	《公路路线设计规范》(JTG D20—2017)
20	《公路工程技术标准》(JTG B01—2014)
21	《架空光(电)缆通信杆路工程设计规范》(YD 5148—2007)
22	《水文基础设施建设及技术装备标准》(SL 415—2019)
23	《水电工程设计概算编制规定》(2013 年版)
	移民项目审批过程中印发文件
1	省人民政府发布的停建令、移民规划大纲审批文件
	技术文件和资料
1	移民规划报告、各类移民规划专题报告、社会稳定风险评估报告、土地利用总体规划、公路、电力、通信等行业建设现状等其他相关文件

3.2.1.2　规划设计的内容与重点

抽水蓄能电站工程建设征地移民安置规划设计的重要成果是移民规划大纲和移民规划报告,是项目前期规划设计阶段的重要技术文件,移民规划大纲和规划报告的质量水平决定整个移民工作质量的好坏,本节主要介绍移民规划大纲和移民规划报告的主要内容和有关质量控制管理的要点。

抽水蓄能项目移民安置规划大纲报告一般由建设征地处理范围及调查情况、移民安置规划论证情况、移民安置规划报告的原则性等内容构成。

征地移民安置规划报告的主要内容如下。

(1)概述,包括工程概况、建设征地区概况、建设征地实物指标概况、移民安置规划概况、建设征地移民安置补偿费用概况。

(2)建设征地处理范围及实物指标,包括水库淹没影响区和枢纽工程建设区的确定方法和结果,以及扩迁、远迁移民的处理原则和处理范围。实物指标调查依据、方法、内容、过程、公示确认程序和实物指标汇总成果。

(3)规划依据和原则,提出移民安置规划主要依据,明确移民安置规划原则。

(4)移民安置总体规划,明确农村移民安置任务、规划目标和安置标准,编制移民安置总体规划、总体方案。

(5)农村移民安置,分析环境容量、综述农村生产安置及搬迁安置规划设计。

(6)专业项目处理,综述交通工程、水利工程、电力工程、通信工程等各专项项目处理规划设计。

(7)移民后期扶持,简述水库移民后期扶持政策并提出有关建占补平衡的方案。

(8)征用土地复垦及耕地占补平衡,综述征用土地复垦、耕地占补平衡规划成果。

(9)库底清理,分析库底清理的范围及综述库底清理设计成果。

(10)环境保护与水土保持,综述环境保护及水土保持规划方案设计成果。

(11)移民生产生活水平预测,简述评价预测的内容和方法,提出评价预测成果。

(12)建设征地移民安置补偿费用概算,根据法律法规及政策文件,编制移民补偿概算。

(13)实施组织设计,提出移民安置进度计划、实施方案,明确参与移民安置规划各方的职责和工作内容。

(14)听取意见,详述移民安置公示及听取意见情况。

(15)附件:

①省人民政府发布的停建令;

②正常蓄水位及施工总布置两个专题报告审查意见;

③地方人民政府有关实物指标调研成果的确认函;

④省人民政府对移民安置规划大纲的批复意见;

⑤地方人民政府关于移民安置规划大纲的确认意见;

⑥地方文物部门关于文物保护工作的意见;

⑦地方自然资源部门关于压覆矿产资源的意见;

⑧项目征地处理范围图;

⑨项目移民安置点规划图。

移民安置规划阶段质量控制管理包括以下几个方面。

（1）经批准的移民安置规划是组织实施移民安置工作的基本依据，应当严格执行，不得随意调整或者修改；确需调整或者修改的，应根据经批准的移民安置规划大纲重新调整或修改移民安置规划。许多抽水蓄能电站工程项目核准较急，移民安置的规划设计工作没有足够的设计周期，造成有些移民安置规划工作深度不够，产生了有些移民调查的影响实物指标精度不够，移民安置方案存在实施难以落实、移民安置规划与实施脱节的现象较为普遍。

（2）移民安置规划报告设计质量粗糙将导致移民安置方案实施阶段的不可操作，直接对移民造成损害，浪费移民资金，达不到移民安置效果。

移民安置方案的可操作性是目前方案制订的重点和难点。在移民安置实施时，由于移民安置规划缺少指导性，方案难以操作，移民安置方案不得不进行大幅度和多方面的变更和调整。部分抽水蓄能电站工程是在工程征地移民实施后才审批移民安置实施规划。影响安置规划方案的因素有很多。由于水电工程的建设周期较长，前期工作规划的方案到具体实施时已时隔多年，其自然资源条件、市场需求条件、人的认识等都会发生一定的变化。所以，对水库移民安置的前期规划设计成果的时效性需要有一个合理的规定，对移民安置规划滞后的问题应特别重视。

（3）规划报告设计阶段是移民投资控制的主要阶段，移民投资总概算不合理，将直接造成国家、业主的损失，使移民利益受到损失。移民安置报告的编制，特别是移民补偿概算的编制质量极为重要。

（4）各级人民政府和权属人的有关确认文件和移民安置规划方案是政府、部门、具体权属人等有关各方共同工作的成果。生产安置方案、搬迁安置方案及专业项目处理方案规划设计，是项目法人、地方人民政府及设计单位，根据建设征地地区及拟选移民安置区的社会环境、自然环境等，在征求移民和相关权属单位意愿的前提下合理确定的，项目建设管理单位应对地方人民政府以及专业部门、权属单位或个人提供的书面确认文件的有效性和完备性等进行控制。

（5）要根据工程建设用地区域对生活安置移民规模和数量进行必要的论证说明，特别是临时占用土地区域的征地移民，要详细做出补充说明和论证。避免工程设计单位在总体施工布置时，往往考虑工程，轻视征地移民工作的社会复杂性，造成不必要的社会问题。同时，对于根据规范明确为永久渣场的，即使可以复垦或者开垦为耕地，也应该论证或者征求有关政府的意见，对征地补偿标准进行充分考虑。

（6）规划设计要准确把握角色定位。在项目可研阶段征地移民安置规划设计阶段，项目建设管理单位应紧密依靠地方人民政府，加强设计单位组织，明确并落实各责任，按计划、高质量推进实物指标调查、移民安置规划大纲和报告的编制和报审工作。同时，由于建设征地移民安置工作贯穿项目全寿命周期，政策性强、社会关注高、工作难度大，工作质量对能否实现预期的项目投资效益目标、能否按计划顺利推进项目建设、能否实现项目开发和当地经济社会发展有机融合起到至关重要的作用。因此，项目单位必须准确把握关键环节，对重要政策的适用性、重要方案的可执行性进行把关，及时组织、协调地方人民政府、设计院就难点、敏感问题进行深入研究,制订切实可行的方案。

（7）确保技术方案合理性。项目单位应组织设计单位严格根据法律法规和规程规范,确定项目永久征用和临时占用土地的范围,既要保证项目开发建设用地需求,又要尽量节约用地,严控项目用地指标;在征地红线划定过程中,应根据地类调查的初步成果,优化设计,尽量少占林地、耕地(特别是永久基本农田);设计单位应切实将征地移民安置规划方案涉及的相关要素作为枢纽格局比选、正常蓄水位选择和施工布置规划方案比选的重要参数,优化工程建设方案;项目单位应加强现场查勘,组织设计单位,综合考虑项目建设期对周边群众的施工干扰,保证运行期生产现场封闭管理等因素,优化现场布置方案,合理确定征地范围、搬迁(生产)安置范围和安置方式。

（8）坚持"公正、公平、公开"原则。项目单位必须高度重视建设征地移民安置规划设计工作的政策敏感性,禁止压缩合理的工作周期,严禁强迫有关单位压缩征地补偿和移民安置概算,确保工作程序公开、公平、公正。压缩工作周期,就势必影响设计工作成果的质量,压缩投资,也将直接影响征地移民的实施和地方人民政府与移民的利益。项目单位要会同地方人民政府和设计单位,梳理相关工作的工序、工期,做好工作衔接,确保按政策程序,有序推进征地红线划定、实物指标调查工作细则编制和审定、停建令申报和发布、实物指标调查和公示确认、征地移民安置规划大纲编制和确认审查、征地移民安置规划报告编制和确认审查工作。进行安置规划方案和专业项目处理方案设计时,应严格遵守政策标准一致性的原则,不能为处理特殊矛盾,提高个别单项或个别群体制定特殊化补偿标准,为项目开发建设遗留更大的隐患。

3.2.2　规划设计工作目标及程序

3.2.2.1　规划设计工作目标及周期

项目可行性研究阶段,建设征地移民安置规划设计工作是可研工作的重要组成部分,也是项目核准的前提之一,同时为项目开工后办理征地手续提供依据。可行性研究阶段建设征地移民安置工作的最终成果是移民安置规划报告,经项目所在省级移民机构审核后,作为建设单位项目核准的依据,是移民概算控制计划的主要依据,也是项目开工后地方人民政府实施征地移民安置工作和移民安置验收的依据。

建设征地移民安置前期工作的最终成果是移民安置规划报告,除此之外还有项目可研阶段征地移民具体工作过程中的中间成果,如:停建令、实物指标调查细则、实物指标调查确认文件、现场指标调查影像资料,社会稳定风险评估报告、压覆矿评估报告、文物发掘保护有关文件等,以及过程中必要的听证手续等,都是建设征地移民安置规划设计阶段的重要成果,是指导和开展征地移民实施工作的重要成果,需要妥善留存和保管。

可行性研究阶段建设征地移民安置工作是抽水蓄能电站项目前期的重要环节,工作周期在可行性研究阶段的关键线路上,具体实践工作中需要有关单位和领导高度重视移民工作进度。一般情况下,可行性研究阶段征地移民工作从确定水库淹没区范围和确定枢纽工程建设用地范围技术专题开始,主要分为以下几个主要串联工作环节,一般很难合并,只有统筹好各个环节,实行压茬推进,才能确保进度不受影响,具体经验周期如下。

（1）实物指标调查细则的编制和审查工作经验周期1~2个月。

（2）申请并发布停建令工作根据各省的工作流程和工作效率以及有无特殊重大事件情况，经验周期2个月左右。

（3）实物指标调查前培训及现场调查确认工作，要根据实物指标和建设征地移民的规模确定，抽水蓄能电站征地移民规模一般不算复杂，因受公示和实物指标调查工作成效影响较大，经验周期一般为2~3个月。

（4）移民安置规划大纲编制工作周期一般1个月左右，其审批程序受省级人民政府工作流程和工作效率影响较大，其周期不可预计。

（5）移民安置规划报告编制工作经验周期一般为2个月左右，其审核为省级移民管理机构，其周期一般较大纲审批周期相对可缩短15 d至一个月的时间。

3.2.2.2　规划设计工作的基本流程

建设征地移民安置规划工作是水电工程前期工作的重要环节，也是影响抽水蓄能电站工程前期核准批复工作进度中的关键线路。建设征地移民安置工作的好坏，不仅直接关系到工程审批进程，后期也将影响工程建设进展，更关系到移民的切身利益和社会稳定，移民规划设计工作做得扎实，就等于打下良好基础，能够为后期征地移民顺利实施和工程建设顺利推进起到良好的促进作用。结合公司抽水蓄能项目建设征地移民工作实际，抽水蓄能电站前期可行性研究阶段建设征地移民规划设计工作流程，主要分为以下几个环节。

1. 征地范围的确定

征地和移民的确定来源就是确定的工程建设征地范围，也就是划定征地红线，该项工作是前期阶段建设征地移民工作的起点，也决定了征地移民的规模。

2. 停建令的发布

征地范围确定后，由项目建设单位会同县级人民政府提请地市级人民政府向省级人民政府申请发布《禁止在工程占地和淹没区新增建设项目和迁入人口的通告》（停建令，也称封库令），停建令由省级人民政府行政主要负责人签发生效后，在征地范围内公布。

在移民工作实践中，一些水利水电工程项目存在实物调查前突击建设项目和迁入人口的现象，特别是线性水利工程较难控制，造成了重复建设和资源浪费，增加了工程成本和补偿纠纷。

3. 调查细则的编制与审查

停建令发布后，原则上禁止在工程占地和淹没区新增建设项目，与当地群众生产生活直接相关的、确需建设的项目，应报县级以上人民政府批准。除合法婚入及出生新增人口外，其他人口都不得迁入工程占地和淹没区。部分地方人民政府有关部门在停建令的执行尺度上，存在禁止一切人口迁入的办法应当纠正，避免造成移民指标的不准确和影响后期移民安置工作。

项目建设单位组织有关单位编制建设征地实物"调查细则"，没有成立项目法人建设单位的，由项目建设主管部门会同县级人民政府组织编制。只有在详细掌握工程占地和淹没区的实物类别、数量、质量和涉及移民人口数量与结构的前提下，才能够明确征地移民安置任务，并为提出切实可行的移民安置方案、估算征地移民补偿和移民安置资金提供依据。"调查细则"经县级人民政府审查确认后报省级人民政府移民主管部门审查通过。同时，省级人民政府应对实物调查作出安排，落实有关地方人民政府的责任。

4. 实物指标调查

实物指标调查由项目主管部门或项目法人会同工程占地和淹没区所在的地方人民政府实施,在发布停建令后,依据经审定的"调查细则"组织实施。地方人民政府是当地社会管理的主体,实物指标调查工作涉及当地社会管理,因此做好实物指标调查工作需要地方人民政府的组织和参与。"调查细则"审查后,实物指标调查工作启动前,地方人民政府要开展必要的、充分的技术培训工作,落实有关责任,积极配合做好实物指标调查工作,确保实物指标调查成果质量。

实物调查结果应分户建档建卡,并履行调查者和权属人签字,实行三榜公示制度,复核县、市级人民政府对调查成果签署确认意见等程序,确保程序公正公开、成果真实准确。

实物指标调查的三个注意事项如下:

(1)实物调查具体工作应由项目法人或项目主管部门委托有资质的规划设计单位承担。

(2)实物调查中的土地调查,由项目主管部门或者项目法人会同有关地方人民政府实施,调查内容包括土地使用权属、地类、面积及地上附着物等,要充分结合当地的土地利用现状开展调查,其工作内容涵盖了《中华人民共和国土地管理法》《中华人民共和国土地管理法实施条例》规定的土地调查内容。

(3)实物指标调查成果是后期征地补偿和征地移民安置工作的重要材料,其组织实施单位和规划设计单位要做好相关资料的收集、整理和归档。

5. 移民安置规划大纲编制与审批

完成实物调查后,项目法人或项目主管部门会同县级以上地方人民政府组织设计单位编制安置规划大纲,包括移民安置的任务、去向标准和农村移民生产安置方式的确定以及移民生活水平评价和搬迁后生活水平预测、移民后期扶持政策、线上受影响的范围的划定原则、移民安置规划编制原则、安置点的选择、移民安置环境容量的分析以及移民安置总体布局等。

移民安置规划大纲的主要内容如下:

明确抽水蓄能电站工程移民规划水平年(一般为计划蓄水当年)需要完成的移民安置人口,主要包括生产安置人口和搬迁安置人口的数量。

明确移民人口计划搬迁安置的去向,主要包括村内安置、乡内安置、省内跨县安置和跨省安置的移民人口。抽水蓄能电站工程移民安置规模一般不宜选择省内跨县安置和跨省安置。

明确移民安置的生产生活资料配置标准和达到的收入水平指标,主要包括人均占有耕地等生产资料、人均宅基地和人均村庄占地面积、移民安置点基础设施和公共设施的建设标准、规划水平年收入水平等。随着经济社会的不断发展,抽水蓄能电站工程占地范围内的移民主要生产资料和生产方式也发生了较大变化,建议有关部门和设计单位做好此类指标的调查和评估,以免移民安置方案的制订指导思想产生偏差。

明确农村移民生产安置人口拟采取的生产安置方式及其人口数量,主要包括农业安置人口和非农业安置人口。随着国家城镇化的不断推进,部分非农业安置人口的具体情况建议做详细的调查和论证,新的《中华人民共和国土地管理法》实施,要求规划设计时充分考虑法律有关条文规定的改革和变化。

对移民搬迁前、后的生活水平进行评价和预测，并要明确提出评价和预测结果。主要指标包括居住条件、生产条件、基础设施、公共服务和收入水平等。

根据移民后期扶持政策提出移民后期扶持政策实施方案。

明确提出淹没线以上受影响范围的划定原则。主要是针对水库淹没线以上受影响的类型，按照安全、经济和便于生产生活的原则，确定受影响范围的认定程序或界定标准。

明确移民安置规划编制的原则。

移民安置规划大纲由项目法人报省移民行政主管部门组织审查后，项目法人或项目主管部门逐级上报省人民政府审批。移民安置规划大纲审查时须提交下列前置文件：

实物调查报告及有关县（市、区）人民政府对实物调查成果的确认函。

移民和移民安置区居民代表对移民安置规划方案的意见。

有关地方人民政府对移民安置规划大纲的意见。

省自然资源部门关于压覆矿产的意见和水库淹没影响区（滑坡、塌岸）及工程建设场地、农村移民集中安置点、城（集）镇迁建新址地质灾害危险性评估意见。

省文物部门关于文物影响的意见。

涉及移民安置的社会稳定风险评估报告等相关材料。

6. 安置规划报告编制与审批

移民安置规划报告由项目法人或项目主管部门会同当地县级以上地方人民政府根据批准的移民安置规划大纲组织编制。移民安置规划报告项目法人或项目建设主管部门逐级报省移民行政主管部门审核并出具审核意见。

《移民条例》的第十一至十九条明确了移民安置规划的主要内容和要求。移民安置规划的主要内容包括：农村移民安置、城（集）镇迁建、工矿企业迁建、专项设施迁建或者复建、防护工程建设、水库水域开发利用、水库移民后期扶持措施、征地补偿和移民安置资金概（估）算等。

移民安置规划编制应当注意以下几个方面：

对征地红线以外受影响范围内的居民，因工程建设使居民基本生产、生活条件受到影响的，纳入移民安置规划，按照经济合理的原则，妥善处理。

根据国家有关规定，征地补偿和移民安置资金、依法应当缴纳的相关税费列入工程概算，移民相关费用与工程概算一并审定。审定后的移民工程概算，在基建投资中安排包干使用。因此，要充分考虑征地移民工作的各个方面，各类补偿资金和专项设施迁建费用应在概算中列足，相关税费一定要按照标准列入，避免产生重大漏项，造成征地移民实施阶段费用不足等问题。

实物调查 5 年后或移民安置规划报告审核 3 年后，抽水蓄能电站工程项目未获批准（核准）或未实施项目建设征地移民安置的，须重新申请发布停建令，全面复核实物指标，重新编制移民安置规划大纲和移民安置规划报告，按审核程序重新报批。

移民安置规划报告须提交下列前置文件：

经省人民政府批复的移民安置规划大纲及其批复意见。

有关地方人民政府对移民安置规划的意见。

移民和安置区居民代表对移民安置方案的意见等相关资料。

经批准的移民安置规划报告应当严格执行,不得随意调整或修改;确需调整或修改的,应当报原批准机关批准。

7. 可研报告审定与项目核准

移民安置规划报告经省移民行政主管部门出具审核意见以后,移民部分内容纳入项目可研报告的一部分。随同可研报告一并审查,取得审查意见。项目核准中有关申请文件按要求纳入建设征地和移民安置规划相关内容,由项目核准部门再次审查,随同项目核准文件一并明确建设征地移民安置相关事项,项目取得核准。项目核准后即可开展征地移民安置协议的签订和办理土地使用手续。

8. 移民实施过程的综合设代服务

移民安置协议签订过程中,即可开展综合设代服务机构的选择,指导移民实施机构开展移民安置协议签订的有关业务指导,移民实施方案或规划的编制指导等工作。

水利水电工程建设征地与移民安置规划流程见图 3-1。

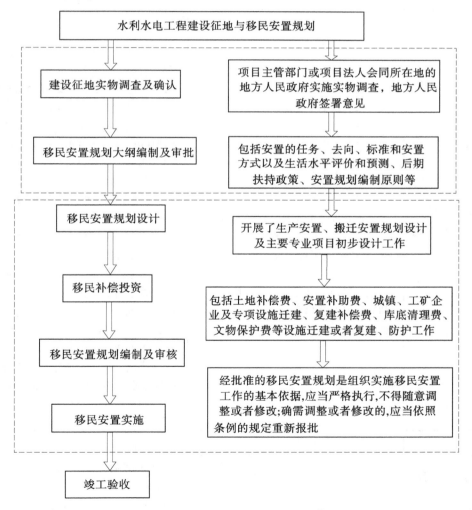

图 3-1　水利水电工程建设征地与移民安置规划流程

由于项目法人及管理机构的不同,水利水电工程及电力工程建设征地移民安置规划设计的要求,在程序和规划设计内容的侧重点上有一定的差异,具体内容如表3-5。

3.2.2.3　实施过程中设计变更与管理

抽水蓄能电站工程和其他水电工程以及水利工程一样,工程建设过程中难免存在一定的设计变更问题,有些变更属于方案的优化,有些变更则属于自然条件的不可控,还有一些属于新材料、新工艺的应用等,设计变更的原因和内容多种多样,征地移民实施更是设计变更事项众多,且因移民社会发展的众多不可控因素变更以及实物指标的错漏登等现象发生的变更更是举不胜举。本节主要简单总结征地移民规划设计变更的管理和就有关实践层面的相关制度的建立健全方面进行简要探讨。

表 3-5　水利水电(水电)工程建设征地移民安置规划(设计)分析

项目	水利水电工程	水电工程
归口管理	水利部	国家能源局
主要规划设计依据	1.《水利水电工程建设征地移民实物调查规范》(SL 442—2009); 2.《水利水电工程建设征地移民安置规划大纲编制导则》(SL 441—2009); 3.《水利水电工程建设征地移民安置规划设计》(SL 290—2009); 4.《水利水电工程农村移民安置规划设计规范》(SL 440—2009); 5. 水利水电工程水库库底清理设计规范(SL 644—2014); 6. 水利部关于发布《水利工程设计概(估)算编制规定》的通知(水总〔2014〕429 号)	1.《水电工程建设征地处理范围界定规范》(NB/T 10338—2019); 2.《水电工程建设征地实物指标调查规范》(NB/T 10102—2018); 3.《水电工程建设征地移民安置规划设计规范》(NB/T 10876—2021); 4.《水电工程农村移民安置规划设计规范》(NB/T 10804—2021); 5. 水电工程水库库底清理设计规范(NB/T 10803—2021); 6.《水电工程移民专业项目规划设计规范》(NB/T 10801—2021); 7.《水电工程建设征地移民安置补偿费用概(估)算编制规范》(NB/T 10877—2021); 8.《水电工程招标设计概算编制规定》(NB/T 35107—2017); 9.《水电工程建设征地移民安置规划报告编制规程》(NB/T 35070—2015)
规划设计阶段	1. 项目建议书阶段; 2. 可行性研究阶段(编制移民安置规划大纲、移民安置规划设计); 3. 初步设计阶段; 4. 技施设计阶段	1. 预可行性研究阶段; 2. 可行性研究阶段(编制移民安置规划大纲、移民安置规划); 3. 移民安置实施阶段

续表 3-5

项目	水利水电工程	水电工程
移民安置规划 （设计）	1. 前言； 2. 概述； 3. 水库淹没影响处理标准及范围； 4. 水库淹没影响实物调查； 5. 农村移民安置规划设计； 6. 城（集）镇迁建规划设计； 7. 工业企业处理； 8. 专业项目处理； 9. 防护工程； 10. 水库水域开发利用规划； 11. 水库库底清理； 12. 实施总进度及年度计划； 13. 移民合法权益的保障措施及移民的社会适应性调整； 14. 实施管理； 15. 水库征地移民补偿投资概（估）算； 16. 问题与建议； 17. 附表、附图、附件	1. 前言； 2. 概述； 3. 建设征地处理范围； 4. 实物指标调查； 5. 移民安置总体规划； 6. 农村移民安置规划； 7. 城（集）镇迁建规划设计； 8. 专业项目复（改）建规划设计； 9. 水库库底清理设计； 10. 环境保护与水土保持； 11. 建设征地移民安置补偿费用概算； 12. 实施组织设计； 13. 水库水域开发利用； 14. 听取移民及移民安置区居民意见情况； 15. 报告附表、附图和附件

1. 水电工程设计变更管理办法

2011 年国家能源局以国能新能〔2011〕361 号印发了《水电工程设计变更管理办法》（本节简称《办法》），《办法》适用于在主要河流上建设的水电工程项目、总装机容量 25 万 kW 及以上的水电工程项目和抽水蓄能电站项目。

《办法》明确设计变更分为一般设计变更和重大设计变更。重大设计变更是指涉及工程安全、质量、功能、规模、概算，以及对环境、社会有重大影响的设计变更。除此之外的其他设计变更为一般设计变更。根据《办法》的有关征地移民重大设计变更的界定，建设征地移民安置重大设计变更包括如下内容：

（1）征地范围调整及重要实物指标的较大变化；

（2）移民安置方案与移民安置进度的重大变化；

（3）城（集）镇迁建和专项处理方案重大变化。

同时规定重大设计变更文件应达到或超过可行性研究阶段的深度要求。主要内容如下：

（1）工程概况；

（2）重大设计变更的缘由和必要性、变更的项目和内容、与设计变更相关的基础资料及试验数据；

（3）设计变更与原勘察设计文件的对比分析；

（4）变更设计方案及原设计方案在工程量、工程进度、造价或费用等方面的对照清单和相应的单项设计概算文件；

（5）必要时，还应包含设计变更方案的施工图设计及其施工技术要求。

关于重大设计变更的处理程序，《办法》规定审查单位在收到建设单位重大设计变更审查申请后，负责组织开展审查工作，提出审查意见，报送国家能源局。

关于重大设计变更处理的要求如下：

（1）经审定的重大设计变更一般不得再次变更。确需再次变更的，建设单位须组织设计单位先进行必要性论证，报原审查（或审核）单位同意后，再行编制设计变更文件，履行相关程序。

（2）严禁借设计变更变相扩大工程建设规模、增加建设内容，提高建设标准；严禁借设计变更，降低安全质量标准，损害和削弱工程应有的功能和作用；严禁肢解设计变更内容，规避审查。

2. 水电工程建设征地移民安置设计变更管理

根据目前研究组的调研和了解，国家部委层面尚没有明确的水电工程和水利工程的建设征地移民安置设计变更管理办法，部分移民工作任务相对较重，省级移民机构重视的个别省级移民管理机构制定印发了有关征地移民的设计变更管理办法，部分重大水利水电工程建设移民实施管理机构针对具体项目制定印发了征地移民的设计变更管理办法。针对现有的部分征地移民的设计变更管理办法，经过梳理，下面就针对新时代抽水蓄能电站工程建设征地移民安置实施阶段的设计变更的原则、分类进行总结，为在建抽水蓄能电站征地移民的设计变更处理提供参考。

1）移民实施阶段设计变更的基本原则

（1）符合国家和省市人民政府有关法律、法规、政策规定，执行有关规程规范和技术标准的要求，符合项目建设质量和使用功能的要求。

（2）以批准的移民安置规划大纲为变更基础。

（3）有利于提高建设征地与移民安置质量和推进移民安置工作进度。

（4）要坚持先报批、后设计实施，未经报批不实施的原则。

2）移民设计变更的分类

（1）按照征地移民实施变更的级别，分为一般设计变更和重大设计变更两类。

（2）按照征地移民实施过程中提出变更单位，分为项目法人提出的、移民实施机构提出的和移民设计单位提出的设计变更。

（3）按照征地移民实施项目的类别，分为实物指标变化、移民安置规划方案调整和移民工程设计变更三类。

（4）按照征地移民实施中变更的性质，一般分为国家政策性调整变更、工程设计方案引起的移民变更和移民实施机构实施方面的变更三类。

根据某省移民管理机构指定的设计变更管理办法，将移民设计变更的分级标准进行了较为详细的划分，其他地方可参照和结合项目实际制定移民设计变更的分级标准。

（1）实物指标变化。根据批准的移民安置规划，有下列情形之一的即为重大设计变更，其余为一般设计变更：

①征收土地范围发生变化大于3%；

②新增滑坡处理范围；

③以县为单位,人口、耕地、园地、房屋、主要专业项目实物量变化幅度大于3%;

④以县为单位,林地、牧草地、未利用地实物指标数量变化幅度大于5%。

(2)移民安置规划方案调整。根据审核批准的移民安置规划,有下列情形之一的即为重大设计变更,其余为一般设计变更:

①100人以上的移民集中安置点规划新址(包括农村集中居民点、城(集)镇新址、企事业单位新址等)建设地点重大调整;

②移民集中安置点搬迁安置人口或规划新址占地(包括农村集中搬迁、城(集)镇迁建、企事业单位搬迁等)变化幅度大于20%;

③安置标准变化幅度大于20%;

④移民安置点工程投资变化幅度大于10%。

(3)移民工程设计变更。移民工程设计变更是指批准的移民安置规划中纳入农村、城(集)镇和企事业单位搬迁安置规划的工程建设项目、库底清理和专项工程,超出移民工程建设监理合同中约定授予建设监理单位设计变更处理权限的设计变更。

按照批准的移民安置规划纳入地方行业规划,或由项目产权单位、省或州(市)行业主管部门负责改(复)建的交通工程、电力工程、电信工程、文物古迹等专项工程设计变更,不作为本办法移民工程设计变更处理范围。

根据批准的移民安置规划,有下列情形之一的即为重大设计变更,其余为一般设计变更:

①移民工程建设标准发生改变;

②新增或取消某项移民工程,并导致移民安置规划方案发生重大变化的;

③移民工程的建设地点、服务范围等发生变化,并导致移民安置规划方案发生重大变化的;

④移民工程地质结论重大变化,建设场地评价结论有实质性调整的;

⑤移民工程建设单体项目投资变化大于下列范围:建设工程投资在1 000万元以上的项目,设计变更数量大于5%;建设工程投资在1 000万元以下至100万元以上的项目,设计变更数量大于10%。

3. 设计变更的处理程序

(1)重大移民设计变更由移民实施机构提出申请,报综合设计机构、移民监理机构、项目法人审核签署意见后,由设计单位编制设计变更报告,由移民管理机构逐级上报原审批单位批复后实施。

(2)一般移民设计变更,对于没有建立议事机构即统一的移民工作领导小组的情况,属于工程建设引起的移民设计变更处理由项目法人征求移民综合设代和移民综合监理意见,向地方人民政府审批,并函告地方人民政府;属于征地移民实施过程中的设计变更由地方人民政府征求移民综合设代和移民综合监理意见后,向项目法人审批,并函告项目法人。对于建立由项目法人和地方人民政府共同组成的移民议事机构即移民工作领导小组的情况,属于工程建设引起的移民设计变更处理由项目法人征求移民综合设代和综合监理机构意见后,报议事机构审批,由移民议事机构印发通知;属于征地移民实施过程中的设计变更由地方人民政府移民实施机构征求移民综合设代和综合监理机构意见后,报移民议事机构审批,由移民议事机构印发通知。

　　经过整理,抽水蓄能电站工程建设征地移民安置设计变更常规处理程序的流程见图 3-2。

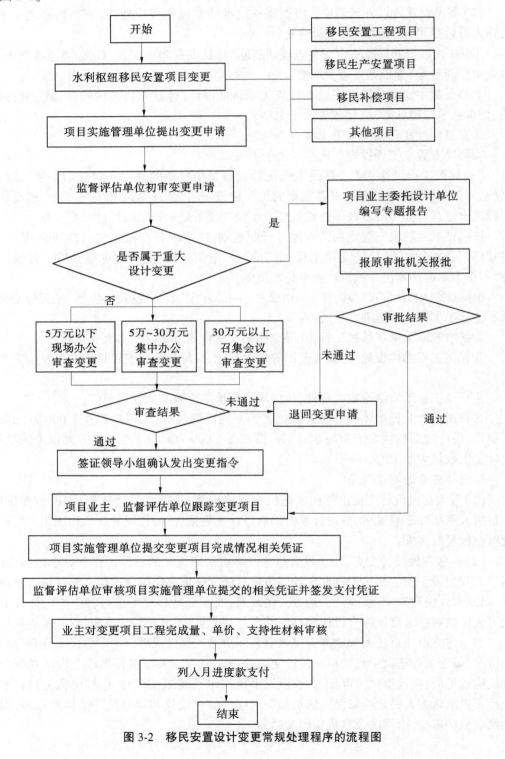

图 3-2　移民安置设计变更常规处理程序的流程图

4.有关征地移民实施设计变更的建议

在新时代抽水蓄能电站工程建设征地移民安置实施过程中,水电工程和水利工程目前征地移民的省级管理单位都是原水库移民管理机构,现阶段机构改革过程中,其移民管理机构大多隶属于水利部门,在有关管理办法的制定、监督管理等方面因水电工程和水利工程分别归属能源部门和水利部门两个部门,因此管理上存在沟通协调的不统一。在征地移民实践过程中,就抽水蓄能电站工程移民规划设计变更方面提出以下几点建议。

(1)制定水电工程建设征地移民安置设计变更管理办法或规程。

目前虽有部分省级移民管理机构制定印发了水利水电工程征地移民设计变更管理办法,大部分省级移民管理机构尚未制定,同时根据水电工程和水利工程的建设征地移民安置实施管理的情况来看,建议有关部门制定水电工程建设征地移民安置设计变更管理办法或规程,以明确设计变更的管理权限和审批程序,加强水电工程建设征地移民安置实施过程中的设计变更管理工作,促进移民设计变更的程序化、规范化,进一步规范和指导水电工程建设征地移民安置项目的实施管理。

(2)研究制定移民综合设代规范,明确移民综合设代的具体工作内容。

根据国家能源局制定印发的有关管理办法,要求工程施工阶段,勘察设计单位应设立现场设代机构,及时派驻相应的技术人员,制定相关工作制度,提供现场技术服务,满足工程建设要求。其机构的主要工作内容是做好技术交底;跟踪现场施工情况,研究并及时解决工程建设的有关技术问题;参与隐蔽工程和关键部位的检查验收;配合工程质量检查、质量监督、安全鉴定和工程验收等工作。

同时现场设代发现不按设计文件要求施工、野蛮施工、弄虚作假或偷工减料等情况,应及时以书面形式向建设单位反映。必要时,应报告质量监督机构和国家能源局。

关于现阶段自移民综合设代服务制度实施以来,多个水电工程建设项目的征地移民实施过程均按照移民综合设代现场服务的模式开展工作,移民综合设代机构的具体工作内容、服务模式、设代机构的职责等均尚未明确,均是地方人民政府或项目法人按照合同约定的方式,将应该赋予或者不属于综合设代机构的工作内容加以约定,因此建议有关部门研究制定移民综合设代规范,进一步明确移民综合设代的委托方式、具体工作内容和有关权限。

(3)统一明确或细化水电工程移民设计质量监督管理办法。

抽水蓄能电站工程建设征地移民安置的规模虽不比常规水电工程征地和移民规模,但是相比线性水利工程等其他水利水电工程或者其他项目的征地移民工作还是具有明显的特殊性,在工程建设征地移民前期规划设计和实施阶段的设代服务过程中,设计质量的粗糙与否,设计的质量是否能够满足移民实施管理的需求,设计成果的可操作性程度等,目前对移民设计质量的监督管理手段相对来自于行业自律和企业内部管理以及委托单位的要求层面,缺乏系统的、专业的、规范的设计质量监督管理,因此建议有关水电工程行业部门明确或细化水电工程建设征地移民安置设计质量的监督管理办法。

(4)项目法人和签订移民安置协议的地方人民政府正确认识移民设计变更。

由于征地移民实施过程中的设计变更往往涉及预备费的使用,部分项目法人往往担心工程建设过程中的设计变化也将引起移民的变更,从而造成移民费用不足的心理负担。

而地方人民政府实施机构也担心工程建设引起移民变更后费用不足造成移民实施难以保证,从而想先使用移民预备费。因此,建议项目法人和签订移民安置协议的地方人民政府正确认识移民设计变更,并重视工程征地移民实施过程中的一般性移民设计变更,重视移民变更处理程序,不可因移民设计变更涉及预备费的使用而引起不必要的矛盾或相互的不理解和不信任。

3.2.3 规划设计实践特点与分析

3.2.3.1 建设征地和移民安置的特点与分析

根据不完全统计,国内早期建设的抽水蓄能电站一般以原有水库作为下库,建设上水库和枢纽工程的方式开发建设抽水蓄能电站,新时代建设的抽水蓄能电站工程由于上、下水库库容要求一般基本达到中型水库即可满足,新时代开发建设的抽水蓄能项目与常规水电站工程建设项目相比,建设征地移民安置的政策理论体系、管理体制机制、工作步骤和管理流程基本相同,抽水蓄能电站建设征地和移民安置的特点是规模略小,抽水蓄能电站工程建设征地移民安置由于工程建设的特殊性也有其自身的特点,从而呈现抽水蓄能电站工程建设征地和移民安置行业的特殊性。

(1)按水电装机容量,比传统水电工程建设征地移民规模小。

研究组调研了新时代建设的洛宁、天池、五岳、抚宁、易县、潍坊等6座抽水蓄能电站建设征地和移民安置的基本规模,详见表3-6。

表3-6 样本抽水蓄能电站建设征地移民安置规模统计

序号	电站名称	核准时间	装机容量/MW	征地数量/(亩/hm²)	移民数量
1	天池	2014 年	1 200	5 551.36	110 户 414 人
2	易县	2017 年	1 200	5 259.05	149 户 515 人
3	洛宁	2017 年	1 400	5 208.89	32 户 98 人
4	抚宁	2019 年	1 200	4 670.24	126 户 354 人
5	五岳	2019 年	1 000	3 889.93	54 户 207 人
6	潍坊	2019 年	1 200	3 820.98	不涉及搬迁

注:1 亩 = 1/15 hm²,全书同。

在征地数量上,通过对近些年核准开工的建设项目和大型水电站的典型分析,同等装机容量的抽水蓄能电站征(占)地面积远小于常规水电站征(占)地面积,主要原因是抽水蓄能电站上、下水库库容一般较小,其工程建设范围内影响的土地数量相比同等规模的常规水电项目普遍较少。在移民搬迁安置人口的规模上,由于抽水蓄能电站征(占)地面积较少,且位于较高的山区,再加上近些年脱贫攻坚的异地扶贫搬迁和生态移民等项目的实施,抽水蓄能电站工程的移民搬迁安置和生产安置人口数量也相对大大减少。在工程建设影响的其他实物和专业项目设施方面,抽水蓄能电站建设征地影响的专项设施也相对较为简单,涉及的特殊建筑物、专业设施等较少,基本无涉及城(集)镇搬迁情况。

（2）移民安置规划设计和实施周期相对较短、工作要求紧。

抽水蓄能项目移民规划设计从确定"征地红线"范围开始，到实物指标调查公示、移民规划大纲编制、移民规划报告编制均为抽水蓄能项目征地移民前期工作的关键工期。虽然抽水蓄能电站建设征地移民安置规模小，但涉及的移民政策、审批程序等与常规水电基本相同，工作内容广泛，程序较复杂，实物指标调查、公示、复核、征求意见等周期不可缩减，规划大纲、规划报告的编制、批复和审核等工作程序均与常规水电项目基本相同。

根据有关部门的不完全统计和调查成果，抽水蓄能电站建设征地移民安置规划从确定征地红线范围开始，到完成移民安置规划报告批复，一般要持续 10~12 个月的时间，抽水蓄能电站建设征地移民安置规划设计阶段呈现周期短、时间紧、任务重等特点，也是影响前期项目核准的关键线路、重要工作内容之一。

（3）征地移民的地理位置和征地区域的特点兼具水库和线性工程征地特点。

抽水蓄能电站工程建设因其工程选址的特殊性，一般上水库选址相对海拔较高，与下水库落差大，因此其地理位置一般位于深山区域，征地地类以林地和未利用地为主，移民生产生活水平较当地平均水平一般落后较多。其征地区域根据工程布置的特点，上、下两个水库加连接道路和其他营地等用地为主的占地特点，使得抽水蓄能电站工程建设征地移民安置工作的特点兼具水库工程和线性水利工程征地移民的特点，其工程建设占地的大部分区域征地工作均在工程建设关键线路上，对工程建设进度影响大，工程建设进度受征地移民实施工作进度影响程度较高。

目前，新时代抽水蓄能电站工程建设正处于又一个高峰期，在建抽水蓄能电站工程较多，按项目核准批复投资进行分析，从建设征地和移民总费用看，目前抽水蓄能电站平均在 3 亿~5 亿元，抽水蓄能电站核准建设总投资中建设征地移民费用占 5%~8%。从征地规模看，样本抽水蓄能电站平均征地 4 733.41 亩，最多达 5 551.36 亩，最少的征地面积为 3 820.98 亩。从搬迁人口数量看，平均 318 人左右，有部分抽水蓄能电站无搬迁人口，个别工程较多，未涉及超过 3 000 人项目。由于抽水蓄能电站站址条件差异，不同电站之间在搬迁人口数量上不具有可比性。

从各类补偿标准看，根据《移民条例》的规定，新时代建设抽水蓄能电站的征地补偿标准均采用当地省级人民政府发布的片区综合价。附着物、专业设施等补偿标准基本采取"三原"（原标准、原规模、恢复原功能）原则，根据国家发展和改革委员会、能源局、财政部、人力资源社会保障部、自然资源部、宗教局《关于做好水电开发利益共享工作的指导意见》（发改能源规〔2019〕439 号）的有关精神，部分基础设施建设项目等为避免低标准建设后与社会发展不适应，可结合当地实际情况适当提高标准建设。

3.2.3.2　建设征地和移民安置规划设计工作特点

1. 新时代建设征地和移民安置规划设计的特点与要求

传统的农村移民安置规划主要侧重于对移民生产资料和居住条件的恢复，规划目标是使移民达到或超过原有的生活水平，安置方式以"大农业生产安置方式"为主，缺乏对移民后期产业发展的总体考量，存在"重安置、轻发展"的问题。自 2010 年以来，随着时代的发展，可用于安置移民的土地资源越来越少，移民安置的难度势必越来越大，为了解决水电开发和移民安置之间日趋尖锐的矛盾，除采用有土从农安置农村移民的方式外，部分地区采用了第二、三产业,长期(实物、现金)补偿,社会保障,自谋职业,入股分红等多种安置方式。如2010年核准的浙江仙居抽水蓄能电站生产安置人口878人,涉及横溪镇和湫山乡2个大的乡(镇),结合2个乡(镇)的经济特点,横溪镇和湫山乡移民区均采用集中安置,但生产安置分别为"横溪镇以有土从农安置为主"和"湫山乡向第二、三产业安置转变"。

党的十八届三中全会提出一系列城乡一体化的改革措施,不同的新型城镇化模式已在全国各地广泛推行,农村人口不断进入城市,中小城市和小城镇不断壮大,产业不断壮大,就业人口不断增加,学校、医院等配套日趋完善,房价明显增长。随着一些制度的取消,农村人口进城后,能够在教育、就业、医疗、养老、住房等方面享受到与城镇居民相同的基本公共服务。

农村从事第二、三产业和具备经营能力和执业技能的人口占劳动力人口的比例逐年提高,对土地收入的依赖性逐渐缩小;农村人口素质不断提高,农村的生产生活方式逐步与城镇接轨。此外,有研究发现,农民的迁移决策对工资水平具有显著的促进作用,原因可能是良好的就业机会与就业环境以及在职业搜索和业务培训过程中,农村劳动力人力资本有所提高。

根据我国农村发展改革政策,农村居民城镇化是现代化的必由之路,是保持经济持续健康发展的强大引擎,是加快产业结构升级的重要抓手,是解决农业农村农民问题的重要途径,是推动区域协调发展的有力支撑,是促进社会全面进步的必然要求,在这种形势下,在有条件的地区,结合城镇化发展进行水利水电工程移民安置越来越多地成为趋势。城镇发展及配套的工业园区、铁路、公路等建设伴随着大量征收耕地,致使安置区人均耕地通常较库区低很多,土地容量有限,调地难度大;另一方面,移民迁出库区后,超出了"耕作半径",传统库周土地利用的方式难度大。因此,移民生产安置需在传统水利水电工程安置方式的基础上,充分利用城镇的优势,创新安置思路,合理确定生产安置模式。

2017年10月,党的十九大报告提出中国特色社会主义进入了新时代,明确国家未来40年的目标是,将我国建设成为富强民主文明和谐美丽的社会主义现代化强国,并对新时代能源发展提出了"绿色生态发展、乡村振兴、壮大能源产业、构建清洁低碳、安全高效的能源体系"的战略,随着我国强力推进"碳达峰、碳中和"的双碳目标的实施,作为推动能源清洁低碳安全高效利用的抽水蓄能电站工程也进入迅猛发展的新时代。

2018年先后公布了《中共中央 国务院关于实施乡村振兴战略的意见》和《国家乡村振兴战略规划(2018—2022年)》,明确提出了"产业兴旺、生态宜居、乡风文明、治理有效、生活富裕"乡村振兴战略发展要求,如何通过抽水蓄能电站的移民安置规划与实施,巩固脱贫攻坚成果、实现乡村振兴战略要求,解决移民安置实践工作中存在的问题,对抽水蓄能电站工程的移民安置管理体系提出了新的要求与挑战。

2.建设征地和移民安置规划设计新理念

1)移民安置规划融入地方经济特色

2014年以来,随着抽水蓄能电站核准权限的下放,建设征地移民安置规划大纲及报告的审批权限也同样落到了省(市)移民主管机构。经济较发达地区,城镇化进程较快,城市规划建设带来的拆迁也很普遍,因此地方人民政府有着较为丰富的城市拆迁经验,而城市拆迁方式较多,地区特点也较为明显。为了能让移民能够"搬得出、稳得住、逐步能致富",移民管理机构和移民实施主体会结合当地实际情况、借鉴其他项目经验采取突破传统的安置方式,地方特点也更鲜明。

2) 移民安置方式多样化

有土安置是《移民条例》规定的最基本方式,是移民规划的基础,对于农村移民,有土才安是根深蒂固的观念,土地被视为抵御风险的安全保障,这些观念及现实生活状况依然存在,因此在移民安置规划过程中,应该对涉及各村剩余的有土安置环境容量进行分析,拓宽环境容量,创新分析方法,在分析环境容量时,应充分利用第二、三产业发展的有利条件,衔接区域工业发展规划、城镇规划等,重点分析第二、三产业的就业容量。

对具备有土安置条件的村组可以根据移民意愿调查情况对部分移民采取调整生产资料的方式进行安置。对于不具备有土安置环境容量的村组,移民在失去土地后,拥有的最重要的资源变成了自己的劳动力,非农业安置也成为必然选择。对于交通便利,第二、三产业发达地区,农村人口就业结构多样,个体经济水平差异大,也迫使移民工作者在建设征地移民安置规划过程中要更加拓宽思路、创新思维,采取多种方式来安置移民,城镇化是人口从以农业活动为主的农村向以非农业活动为主的城镇转移的过程,其核心是发挥城镇发展的优势,利用基础设施、公共服务设施建设及工业、服务业发展等带动移民就业。如第二、三产业安置,长效补偿等非农业安置方式。在耕地资源稀少的现实状况下,东部地区水电移民采取非农业安置方式是一个大趋势。对于第二、三产业安置,更需要在政府的支持下,通过技能培训可使移民从事第二、三产业。无论是采取有土安置,还是采取第二、三产业等非农业安置,移民个体终究存在差异,大多数移民一般缺少良好的教育及经济资本、社会资本,安置后其生产生活水平的恢复依然存在不确定性,生产安置的同时纳入社会保障及养老保险政策很有必要。如江苏句容抽水蓄能电站生产安置采取了农业安置和社会保障安置两种方式,厦门抽水蓄能电站生产安置采取了有土安置,第二、三产业安置和养老保险安置相结合的方式。根据分析及项目实际情况,采取农业安置与非农业安置相结合,辅以社会保障和养老保障的方式符合新形势下移民工作的要求,也是符合移民意愿的。同时该种方式不仅有利于移民恢复生产生活水平,也利于移民个体的发展及生活水平的提高。

3) 移民安置点的规划设计理念

首先,要优化安置点产业结构,提高产业发展可持续性。产业结构的优化是新农村建设的重要内容。规划中的移民安置点应该在空间配套上综合考虑三大产业以及现代农村流通业的现实发展需要和未来的发展前景,在详细分析的基础上做好当前的布局并预留未来的空间。目前,安置点按村庄职能类型主要分为特色农业型、乡村旅游型和一般农业村庄。安置点规划设计中,应该根据村庄不同职能类型的要求,从当地实际情况出发,充分考虑区域经济发展态势,对当地产业发展的定位、产业体系、产业结构、空间布局、经济社会环境影响、实施方案等做出科学的规划,进一步落实村庄的职能类型,从而能够更加合理地布局相应产业用地。

其次,繁荣安置点文化生活,提高精神文化生活质量。在传统的农村安置点,文化生活是十分丰富的,乡村民俗文化活动活跃,邻里关系紧密,凝聚力强。为了更好地推动农村社会文化事业的发展,在规划建设时,要注重规划休闲和交流的公共空间,并与自然环境相结合,合理配置以乡土树种和果树为主题的公共绿化,以方便村民的休闲交往,利于开展乡土民俗文化活动,以增强农村社区的凝聚力,推动新农村文化事业发展,提高安置精神文化生活质量。

保护自然地域特色,提高安置点可辨识度。自然地域特色是人、气象水文条件、地理环境三方面相互作用的结果,是人与自然和谐关系的完美体现。传统安置点往往随顺自然,在空间布局上比较随意。维持原有的自然地域特色是安置点规划中贯彻村落与周边自然和谐发展的要求,是自然地形地貌与地域性村庄布局特征相结合最好的表现方式。规划设计带有地方特色的环境小品和标志性建筑,这样才能从中读懂其所传承的自然地域特色,从而提高安置点的可辨识度。

如河南天池抽水蓄能电站以人为本的原则、可持续发展的眼光对待移民安置点的建设,在做到技术合理、方案可行的基础上,把移民安置点的迁徙、安置和新农村建设结合起来。在规划移民新村建设中,高度融合美丽乡村战略,科学谋划后期对移民生活生产的扶持与发展,找到以乡(镇)安置方式为主、地方特色农业、畜牧业和旅游业为支撑的发展新思路,最终实现移民"搬得出、稳得住、逐步能致富"的安置目标。

3.2.4　规划设计经验与建议

为落实国家乡村振兴规划,促使移民安置符合新时代的发展要求,征地和移民安置规划设计与乡村振兴深度融合,在乡村振兴战略新时代背景下,抽水蓄能电站工程的规划设计应融入以下设计理念:

(1)"多规合一、统筹统建"的方法,即合理确定安置点发展定位,通盘考虑产业发展、安置点建设等各类用地。

(2)"推进移民安置区产业发展升级",即在生产安置规划过程中重视移民产业发展,统筹移民安置规划、后续产业规划,与区域乡村振兴、产业发展规划做好衔接;近年来,许多地区逐步实施了以自主安置,第二、三产业安置和逐年货币补偿为主的无土安置方式,取得的成效显著。

(3)"创建具有地方特点移民安置点宜居环境",即搬迁安置规划在建设用地标准、规划布局、公共服务设施、建筑风貌和景观环境等方面,落实乡村振兴战略,衔接美丽乡村建设要求,从而在改善基础设施、提高城镇化水平和资金投入等方面加强城乡区域融合力度,对促进移民妥善安置和城镇化发展发挥着积极作用。

3.3　移民安置实施管理

为贯彻落实中央稳增长、促改革、调结构、惠民生、防风险的决策部署,切实加快水利水电工程建设,根据中央简政放权、放管结合和职能转变的精神,抽水蓄能电站工程移民安置工作启动的条件是可行性研究批复后,项目核准后一般即为征地移民安置工作的启动,征迁项目标准已经确定,项目投资已经落实,年度投资计划下达后,项目法人即可开展施工准备、开工建设,即可开展征地移民实施工作。

新时代抽水蓄能电站工程建设征地和移民安置工作与常规水电工程和水利工程征地移民安置相比有自身的特点,在征地移民安置实施过程中根据其征地移民范围的特点,兼具水库和线性水利工程的特点,既有水库征地移民安置,又有线性工程征地。根据调研全国多个抽水蓄能电站工程建设征地和移民安置实施管理情况,基本上是按照项目法人与县级人民政府签订移民安置协议的方式开展征地移民安置实施管理组织工作,在省、市两级移民机构的监督管理指导下,由项目法人参与,移民综合设代机构、移民综合监理机构以及独立评估机构参与配合,由县级地方人民政府负责具体组织实施,完成征地补偿、移民搬迁安置、专业项目迁(复)建等征地移民安置任务。本节重点介绍新时代抽水蓄能电站工程建设征地移民安置实施过程的特点分析,实施管理过程的步骤与方法、具体措施,以及遇到特殊问题处理的思路与管理等内容。

3.3.1　安置实施管理内容及流程

抽水蓄能电站工程建设征地移民安置实施管理工作的主要内容包括土地征收征用、农村移民搬迁安置、企事业单位迁建、工矿企业迁建、专项设施迁建、库底清理、临时用地复垦等。农村移民搬迁安置主要包括征地补偿、生产安置、居民点基础设施建设、移民个人房屋建设、移民搬迁等内容。企事业单位迁建分一次性补偿和异地搬迁安置。专业项目迁(复)建则是按照原规模、原标准、恢复原功能的原则,进行规划建设。失去功能不需要恢复的,不再进行规划建设,一般按拆除处理。征地移民安置实施管理具体的工作流程如下。

3.3.1.1　签订移民安置协议

《移民条例》第二十七条规定,大中型水利水电工程开工前,项目法人应当根据批准的移民安置规划,与移民区和移民安置区所在的省、自治区、直辖市人民政府或者市、县人民政府签订移民安置协议。在抽水蓄能电站工程建设征地移民安置实践中,一般是项目法人与项目所在地的县级人民政府签订移民安置协议。移民安置协议的签订标志着移民实施主体确定、征地移民任务和投资明确,标志着征地移民实施工作的正式开始,也标志着项目建设征地移民安置实施管理组织机构组建。

3.3.1.2　制订移民工作计划,动员部署

移民安置协议签订后,与项目法人签订移民安置协议的地方人民政府移民管理机构,应根据工程建设计划安排,制订移民工作计划,征地移民进度应满足工程建设需要。征地移民工作计划包括准备工作(发布禁播作物、限期迁坟的公告等)、移民安置实施规划或实施方案的编制报批、建设用地移交、居民点建设和居民搬迁、生产用地调整、农副业、企事业单位迁建、专项设施迁建、移民搬迁、库底清理等内容,征地移民工作计划是对征地移民工作的一个总体安排,便于各级移民管理机构按照时间安排有计划地做好各项征地移民工作任务。

征地移民工作计划制订后,即可召开移民工作动员会,动员会由签订移民安置协议的地方人民政府移民实施机构组织,由同级人民政府主持召开,有关部门、移民管理机构和下级人民政府领导参加,安排部署征地移民工作。动员会一定要将移民干部的思想统一到征地移民安置实施管理工作为政府的任务,是以政府为实施主体的管理思想上去。

3.3.1.3　勘测定界,明确征地范围

一般由移民实施机构协调组织自然资源部门负责勘测定界工作,移民综合设计单位技术配合,不能突破设计单位确定的范围和相应地类。项目法人同时组织实施打桩加密工作,具备条件的部分区域可实施围挡,明确征地界限、范围。

在实践中,往往项目法人或有关单位对界桩的测设和加密工作不够重视,或由于抽水蓄能电站工程征地范围的特殊性,工作难度大,而未开展界桩的加密工作,造成征地过程中边界点过少,乡村干部和被征地群众到后期造成边界不清而出现矛盾,给移民管理机构和项目法人带来其他不必要的工作,甚至出现短暂征地纠纷,从而影响工程建设进度。

3.3.1.4　实物指标复核

以批复的初步设计为基础,由移民实施机构负责组织,设计单位负责技术指导和归口,移民综合监理单位全程监督,进行实物指标复核。根据复核结果,移民综合设代机构提供征地移民补偿清单。注意该阶段的工作是实物指标复核,主要是复核有无错漏登问题,不是全面调查,同时注意还有停建令的约束控制问题,停建令后增加的实物原则上不予补偿。土地权属的复核工作,可以根据地方人民政府和乡村的实际情况,如果耕地等地类需要到户的,在实施过程中应当按照实物指标调查的工作方法,完成土地到户的调查复核工作,该项工作建议引入第三方测绘单位服务机构完成,同时注意确保公示制度的执行到位。在此基础上,编制征地移民实施规划或移民实施方案,实施规划或移民实施方案要以批复的移民规划大纲和移民规划报告为基本依据,编制完成后,一般履行审查程序后报县级人民政府审批,部分县级人民政府以政府常务会议方式研究通过后审批,也是一种抽水蓄能电站工程移民实施方案或实施规划批复程序方式。

该阶段的实物指标复核,一定要坚持原则,一把尺子量到底,统一尺度把握,切不可因到了实施阶段为争取某些利益而放松实物指标复核的工作原则和操作规范,不但容易造成实施工作的不公平而损害其他人的利益,而且容易造成之前的实物指标调查成果的全面推翻重来,不但在移民投资控制上出现问题,而且造成征地移民实施工作一步一步陷入困境。

3.3.1.5　补偿资金兑现

以批准的移民实施方案或规划为实施补偿的基础,将补偿资金兑付给权属人,其中土地兑付到村集体或权属人,地面附属物补偿兑付给群众或权属人。在实施规划编制完成前,为保证工程建设,在实践工作中,一般以移民综合设代机构提供的补偿清单作为补偿资金兑付的依据。没有设计单位的清单不能兑付移民补偿资金,移民综合监理机构对资金兑付实施全过程监督。

3.3.1.6　清理地面附属物

征地的土地补偿补助费用、地面附着物补偿费用等补偿资金兑现后,由土地权属人限期清理地面附属物,确保具备工程施工条件。

在实践工作中,为加快工程建设进度,确保工程施工,地面附着物的清理工作一般由移民实施机构或协调工程建设单位负责组织清理。

3.3.1.7　土地移交

地面附属物清理完成后,一般由县级人民政府或征地移民议事机构组织项目法人、县

级移民管理机构与现场工程建管单位、乡镇人民政府和村民经济组织代表等办理土地移交手续,移民综合设代和综合监理机构主要负责人参加。土地移交手续办理后,施工单位即可进场施工。

鉴于永久征地和临时用地工程建设使用后,权属变化不同,在实践工作中,建议按照永久用地和临时用地分开移交的工作方式进行。在实践工作中,土地移交签证的常用格式如图3-3所示。

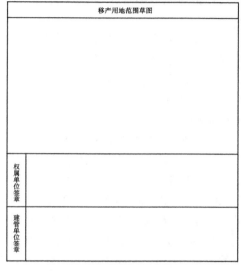

图 3-3　移民安置土地移交签证图

3.3.1.8　移民安置

移民安置包括生产安置和生活安置,即移民生产用地调整或生产安置措施的落实、移民新村基础设施建设、移民个人房屋建设等。

移民生产用地调整,按照批准的移民安置规划明确的移民生产用地标准和调整方案,进行移民生产用地调整。生产用地调整完成后,确权划界,移交给移民村,由移民村按照村集体组织的操作方式分配到户进行耕种,注意土地调整的有关协议的签订和手续完善,对于出村调整移民生产用地的,有关移民管理机构要组织乡镇人民政府和自然资源管理部门等做好相关权属的调整工作。

移民新村基础设施建设,集中安置的农村居民点应当按照经批准的移民规划确定的规模和标准迁建,新村基础设施包括道路、供水、供电、排水等基础设施,按照《移民条例》第三十五条,由乡镇统一组织建设,实践工作中部分由移民实施机构直接组织实施,部分由乡镇组织建设,但是不论组织建设的单位是哪个,都需要注意基础设施建设的规模和标准,注意工程建设的有关程序和质量保证体系的建立。基础设施建设完成后,要及时组织验收和运行移交工作。

对于分散安置的移民基础设施建设,个别地方采用个人部分基础设施建设费用和公共部分基础设施建设费用分开测算的方式操作,但不论分开与否,都不建议采用将基础设施建设费用直接补偿给农户的简单操作方式,特别是一个地方既有集中安置又有分散安置的情况。分散安置的移民宅基地应当严格按照《中华人民共和国土地管理法》和有关地方人民政府关于宅基地的管理办法,加强宅基地的申请和批准使用程序管理,基础设施建设费用建议根据移民分散安置的具体情况,由乡镇人民政府组织村组负责实施较为妥当。

移民个人房屋建设,根据《移民条例》规定农村移民住房,应当由移民自主建造。有关地方人民政府或者村民委员会应当统一规划宅基地,但不得强行规定建房标准。因此,移民个人房屋建设原则上由移民自主建设。有关研究成果表明,移民房屋建设的时间一般为 6~8 个月,集中建房的时间相对较有保障,分散个人自主建设的,各种条件的制约因素相对较多。

对于为加强移民安置房屋建设的质量、进度等管理,同时结合小城镇建设的移民安置点,地方人民政府采取统规统建的方式进行的,要注意建设的程序。统规统建的建房委托方式常见的有:一是移民户向村集体逐级提出申请由政府统一组织建设,政府接受委托后,通过招标投标等过程建设程序管理组织移民房屋建设;二是由移民户成立移民建房委员会或小组,在移民实施机构的组织、监督、指导下,直接委托移民建房工程实施。前者的优势是移民房屋建设的质量保证、进度保证等方面管理规范,移民不需要过多参与建房过程的监督,从而不影响移民的生产生活,洛宁抽水蓄能电站移民安置建房的委托方式就是按照此办法进行的,该办法需要注意的是房屋的质保期限、交房程序等;后者的优点是不需要施工队伍开具相关发票,移民不需要承担支付建房施工的管理费用,可以节约房屋建设费用,但是多数移民需要参与建房过程,部分移民需要在建房期间安排时间监督管理,且对施工单位的监督管理的规范性、移民房屋质量的控制方面需要加强注意,由于移民个人直接参与委托,后期房屋质量等问题的处理由个人承担,不需要政府管理房屋的质保等,河南省的出山店水库移民集中安置的多数移民房屋建设方式为该方式。

3.3.1.9　移民搬迁

移民安置点房屋及基础设施建设完成后,按照工程建设进度要求,做好移民搬迁入住工作。移民实施机构应搞好组织、协调和服务工作,确保移民顺利搬迁入住。移民搬迁工作的启动应以土地手续办理或者先行用地手续办理完成后为时间节点较为妥当。

在公开透明方面,以洛宁移民房屋分配为例。洛宁抽水蓄能电站移民安置房屋采取统规统建的方式建设,其房屋在安置点内的位置、朝向有所差异,移民都想挑选位置便利、朝向符合自己生活习惯的房屋。为体现移民选房过程的公开、透明,实施过程中洛宁县人民政府制订了详细的移民房屋分配方案,分配过程聘请政府公证部门进行公证,并组织地方法院、检察院等有关部门监督过程,邀请各移民参建单位参加。关于移民房屋分配方案方面,实行两次抽号的方式挑选移民房屋。移民户代表第一次抽号抽取确定其抽号的顺序,按照第一次抽号的结果排队;再第二次抽号,抽取确定其选房的顺序。实现了选房过程的公开、透明。移民对选房的方案表示赞许,选房的结果得到了移民满意。

在移民搬迁完成后,为确保安全,避免移民反复回迁,应及时组织有关单位按照有关要求拆除有关房屋。

由于抽水蓄能电站工程移民居住的较为分散,且交通条件相对较差,移民房屋拆除一般需要专业拆迁队伍或专业组织机械进行拆除。拆除的相关费用一般从库底清理费用中列支。由于机械拆除需要一定的机械进出场费用,加上移民房屋分散,交通不便,易造成房屋拆除费用不足现象,建议有关移民实施机构做好费用的使用管理,做好移民房屋拆除的工作方案。同时加强移民房屋拆除工作中的安全管理体系的建立,确保移民房屋拆除过程的安全。

移民房屋拆除的安全隐患往往较多,包括供电线路是否断电、人员是否全部搬出、周围环境因素等。在移民房屋拆除过程中安全事故也偶有发生,例如:在 2013 年某水利工程拆迁时,移民房屋由移民户自行拆除,某村拆迁户响应国家号召,带头拆迁。在拆院墙期间,不幸被院墙的大墙压到了身上,造成腰部严重损伤。

为避免类似安全问题发生,建议有关移民房屋拆迁实施组织单位实行现场办公、现场组织协调,确保移民群众的人身、财产安全,制定房屋拆迁过程的安全防控体系,移民个人财产搬迁完毕后,上报村组干部现场验收,并及时上报乡镇和县移民实施机构,移民实施机构会同乡镇人民政府组织专业人员对水电设施进行关闭,切断供水、供电源头,再组织机械开展房屋拆迁。拆迁前,成立拆迁安全小分队,专人指挥并负责安全,房屋四角外设专人负责安全监控,设置警戒线,防止人员、动物进入拆迁现场。拆迁安全防控体系的建立,有效地防止了房屋拆迁过程安全事故的发生,保障移民房屋拆除过程的安全有序进行。同时移民房屋拆迁费用建议足额计列安全防控措施费,保障移民房屋拆迁过程的安全有序。

3.3.1.10　企事业单位、城(集)镇迁建及专项迁(复)建

企事业单位迁建,不需要恢复建设的,将补偿费用一次性补偿给企事业单位;需要恢复建设的,按照规划安置地由企事业单位自行建设,按规定时间完成原址拆除清理。

城(集)镇迁建、专项设施迁建,按照《移民条例》第三十四条的规定,由移民区县级以上地方人民政府交给当地人民政府或者有关单位。因扩大规模、提高标准增加的费用,由有关地方人民政府或者有关单位自行解决。

有关专业项目的迁建,建议按照行业主管的标准要求,依据工程建设的基本程序,一般不作为单独选址项目重新申报项目审批程序,但应履行施工图设计的审批流程,实行招标投标制,建设监理制,但需要办理工程的建设用地相关手续。工程建设完成后,应及时组织验收和移交,验收、移交工作应除专项工程建设参建单位和行业部门外,还应该由移民管理机构、移民设代机构和移民综合监理机构代表参加。移民设代机构主要就建设的标准和规模进行复核,移民综合监理机构主要就专项工程建设质量保证体系、进度、移民资金概算控制等进行检查评价。

3.3.1.11　库底清理

移民搬迁完成后,在水库蓄水前必须进行库底清理,目的是保证水库运行安全,防止水质污染,满足生产、生活和工农业用水要求。库底清理包括一般清理、特殊清理两部分,

一般清理分为建筑物清理、林木清理、漂浮物清理、卫生清理、固体废物清理,应严格按照水库库底清理技术规范和批复的技术要求进行,其中卫生清理应在县级以上疾控中心的指导下进行,并出具处理意见。

特殊清理是为开发利用水域而开展建设项目所在区域的清理。库底清理应当按照《水电工程水库库底清理设计规范》的有关要求进行。其工作流程大致分为实施准备、库底清理实施、验收三个步骤。

1. 实施准备阶段

项目法人会同地方移民实施机构根据工程建设需求向有关部门提出库底清理申请,根据实际工作情况由省移民办将库底清理工作任务下达到县实施机构。动员部署,确定库底清理工作时间前县、乡镇移民工作指挥部召开移民县内工作实施动员大会,安排部署库底清理任务。实施培训,对县指挥部、县内各有关部门、县乡村三级移民干部进行库底清理要求、标准、实施政策等业务培训。制定完善有关管理办法及实施细则。按照有关文件要求,县移民工作指挥部办公室(或委托施工单位)组织完成库区库底清理、专业项目(改)复建等实施办法,并印发执行。按照要求县级以上人民政府下发《库底清理通知》,要求张贴到组,并宣传到户。

2. 库底清理实施阶段

居民迁移线以下的移民按照规划要求全部搬迁出库坝区,实施并完成搬迁移民建筑物按照库底清理要求标准拆除、推倒、摊平;正常蓄水位以下的林木砍伐与迹地清理,林木砍伐由产权所有人根据标准和时间要求进行,林业部门配合包括砍伐证件等的工作,砍伐后的清理由实施机构组织实施;库区居民迁移线以下防止水质污染的卫生防疫清理,卫生和环境保护部门配合,实施机构组织实施;大体积建筑物与构筑物(桥墩、牌坊、线杆、墙体等)残留体和林地清理。各项标准按照《水电工程水库库底清理设计规范》的要求进行清理。

3. 库底清理验收阶段

根据库底清理的实际完成情况,由县人民政府组织自验,由环境保护部门、卫生防疫部门、林业部门、实施机构等相关部门参加。如不合格或某个专项不合格,由相关部门提出不合格项,实施机构组织实施整改,直到合格。合格后,环境保护部门、卫生防疫部门、林业部门出具合格证明,县级形成验收报告(或签证书),提交省级移民管理机构,抄送项目法人。

3.3.1.12　临时用地复垦与返还

临时用地不及时复垦返还的相关案例:2008年,某市N区动工修建跨区高速公路,因工程需要,某高速公路公司遂在N区境内向某村集体经济组织流转了1.5亩耕地,并办理了临时用地手续,搭建了钢棚及数间平房,用于混凝土搅拌加工及工人生活住宿。

2011年,高速公路全线贯通,某高速公路公司向某村交还土地,并达成土地复垦协议,约定由某村集体经济组织代为复垦,拆除临时建筑物,恢复种植条件,并按耕地复垦费标准核算,计付了7 000余元代复垦费用。某村村长将此费用计入村集体账目,见临时建构筑物完好,拟用于开办村集体企业,遂未复垦。但因位置偏僻、无经营项目而搁置。

2015年该村村民张某返乡创业,承租该村此块土地用于开办纸厂。因倾倒废弃污水和垃圾处理不当,加之该宗地处于高坡上游,位于环境保护区和水源涵养区内,造成下游水源和土质污染,导致多头牲畜中毒死亡和100余名当地居民身体不适。

区检察院接到举报后,将该案件列入行政公益诉讼范畴,经核查发现,张某开办纸厂未办理任何工商、环保等手续,区环保部门也未对其进行查处。认定区环保局未及时依法履职,发出检察建议书。同时发现,张某用于开办纸厂的经营场地应属违法用地,遂就区国土局是否存在履职不到位等问题提出质询。

按照"谁许可、谁监管"的原则,国土资源管理部门对该宗临时用地负有批后监督管控职能。同时,根据《中华人民共和国土地管理法实施条例》第二十条的规定,土地使用者应当自临时用地期满之日起1年内恢复种植条件。故认定,应承担土地使用完毕后1年内恢复种植条件的主体为某高速公路公司。该条例第五十六条也为土地行政主管部门设立了处罚权限。至于高速公路公司与某村达成的土地复垦协议,属于委托合同,虽支付了对价,但未督促某村实际履行约定义务,造成了逾期未复垦的违法事实。故逾期未复垦的行政责任应由某高速公路公司承担,高速公路公司可按协议约定追究某村的违约责任。

因此,提出建议,认定某高速公路公司即该宗临时用地使用者为违法主体,承担逾期不恢复种植条件的行政责任,给予"责令期限改正"的处罚。鉴于其与某村签订的代复垦协议,未对其进行罚款。同时,指导某高速公路公司,或自行复垦,按民事法律途径起诉要求某村退还代复垦费用,并承担违约责任,或起诉要求某村实际履行土地复垦协议。

3.3.1.13　阶段移民性验收与竣工移民验收

水电工程移民安置验收分为阶段性验收和竣工验收,阶段性验收包括工程截流、工程蓄水移民安置验收,其中工程截流移民安置验收包括围堰淹没影响区和枢纽工程建设区移民安置验收。对于实行分期蓄水的大型水电站项目,可结合蓄水进度计划、移民安置实施计划等分期分批次开展移民验收。竣工验收较为全面,除检查阶段性验收的内容外,还需要检查移民资金审计情况等,对工程完成情况进行全面评价,作出结论意见。

移民安置项目实施及管理过程见图3-4。

3.3.2　安置实施管理实践特点与重点分析

3.3.2.1　移民安置管理实施特点

新时代抽水蓄能电站工程征地补偿和移民安置的特点以及实施管理工作过程中产生的征地补偿与移民安置问题与常规水电工程、线性水利工程相比,在征地移民规模、土地征地补偿征收征用、实物指标特点、对移民户产生的影响、处理方法等方面具有自己的特点。

(1)征地移民规模较常规水电工程较小,与线性水利工程相当,但实施管理工作差异明显。

抽水蓄能电站工程建设征地移民规模较常规水电工程相比相对较小,经过调研分析对比,如河南黄河下游防洪工程的征地移民规模、沁河下游防洪治理工程等中型的线性水利工程,抽水蓄能电站与其规模基本相当,但是在征地移民实施管理工作方面差异较为明显。

常规水电工程枢纽区征地移民结束后即可正常开展工程建设,其大量的库区征地和

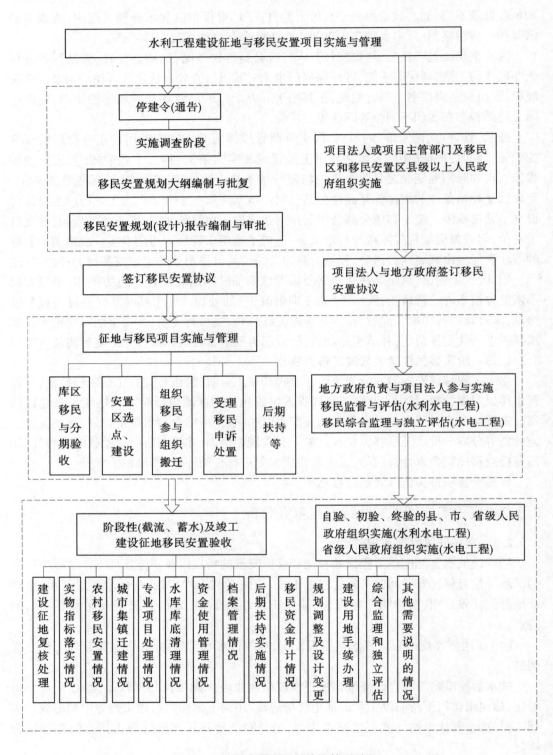

图 3-4　移民安置项目实施及管理过程

移民搬迁安置工作往往对工程建设的影响较小,而抽水蓄能电站工程建设基本上征地多数来源可归纳为枢纽区和营地以及上、下水库连接道路占地,因此征地移民工作实施进度直接影响工程建设进度,如果工程建设和征地工作交叉推进,相互影响更为复杂。

线性工程一般是沿工程线路一定范围内征收土地,每个农户被征用的土地数量较少,但征地影响的农户数量众多,如某线性工程某县沿工程线路征地 40 多亩,但受影响的农户却达到 1 200 户,每户平均被征地 20~30 m²。从整体上看,征地与对农民的土地、收入产生的影响较小,除少数家庭外,对大部分家庭的土地征用适用采取一次性补偿方式,少部分征地影响较大的农户则需要重新为其调整土地。抽水蓄能电站工程征地移民规模虽与大型的线性水利工程征地移民规模相当,其征地移民方面,在上、下库连接道路征地方面与线性工程形似,但其征地实施过程中,多数为非耕地且处于山腰无路状态,土地调查复核工作难度大大增加,而上、下水库的库区征地又与线性水利工程征地工作差异较大。

(2)移民实施机构多为临时机构,且水利水电工程征地移民经验较少。

以往的水利水电工程建设征地移民实施,各市县地方人民政府均由移民管理机构负责组织实施,一方面随着国家机构改革的深入推进,移民管理机构历经几次改革;另一方面由于抽水蓄能电站工程建设管理隶属于发展改革部门管理的能源部门,同时地方人民政府对抽水蓄能电站工程建设重视程度较一般水利工程高,往往成立临时的指挥部或领导小组,下设办公室,既负责工程建设协调,又负责征地移民安置实施管理。根据研究组调研的十余个抽水蓄能电站工程建设征地移民实施管理机构的基本情况,除洛宁抽水蓄能电站根据临时成立的指挥部,办公室设在经过批准的常设机构洛宁抽水蓄能电站管理处,其他均由其办公室抽调有关干部直接组织实施征地移民安置工作。多数机构的移民干部基本没有水利水电工程建设征地移民安置实施管理经验或者经验较少,如五岳抽水蓄能电站建设的光山县,该县 20 多年以来没有大中型水利水电工程建设项目,其移民干部关于水利水电工程建设征地实施管理经验更是不足。对水利水电工程建设征地移民安置的政策掌握不足,需要边学习,边工作,边摸索,边熟悉。

(3)移民生活基础条件相对较差,脱贫攻坚形势下任务较重。

抽水蓄能电站工程建设选址位置的特殊性,需要选择短距离范围内落差大的山区,因此上水库一般位于较为高耸的山区。移民生活基础条件相对较差,特别是上水库搬迁移民,比如洛宁抽水蓄能电站的搬迁移民就全部来自上水库,其搬迁前人均砖混房住房面积仅有 2 m²,仅一户为砖混房建筑,其他多数为土木结构房屋,移民搬迁前用水、用电、道路交通、通信等条件相对较差。抽水蓄能电站工程移民村往往属于贫困村。如十八大以来河南省开工建设的洛宁和五岳抽水蓄能电站涉及的洛宁县和光山县均为国家级扶贫开发县,各地县委、县政府都以脱贫攻坚为第一任务,在此形势下开展征地移民的实施工作,部分干部既要做好脱贫攻坚工作,又要做好征地移民实施工作,双重任务一同推进,县乡两级干部任务和压力巨大。另外,移民工作落实完毕后,相关扶持保障政策不够完善,部分移民的生活陷入比较艰难的局面,包括生产资料匮乏、就业难等,以及库区在基础设施等方面以及移民安置区在经济社会发展系统功能方面的欠缺,使得在新时代脱贫攻坚形势下,实现全面脱贫的任务比较重。

(4)地理位置相对较偏远,农村基础管理工作相对较为粗犷。

根据新时代抽水蓄能电站工程建设的选址特点,抽水蓄能电站工程建设征地移民的位置特点往往横向对比县域范围内的其他乡村时,地处偏远,且往往农村基础管理工作相对较为粗犷,与现行的水利水电工程征地移民管理的要求不相匹配。一方面体现在当地群众的宅基地管理、土地承包经营管理、林权管理等硬件基础管理方面较为薄弱;另一方面是由于山区群众接受教育水平和文化程度相对较低,开放程度较低,乡村干部的工作方式、方法相对需要与当地群众相适应。

(5)项目可研阶段周期短,征地移民实施时间要求紧迫。

经调研近 10 年的十余个抽水蓄能电站工程前期阶段周期,呈现明显的项目建议书阶段时间较长、可研阶段周期短的特点。因此,较短的可研阶段,给规划设计部门和有关前期政府配合等相关工作带来巨大的挑战,同时多数抽水蓄能电站工程建设的征地均在工程建设进度的关键线路上,对征地移民实施时间要求紧迫。

(6)社会公众对工程建设的公益性认识较低,水电开发属性认知较高,对征地移民补偿政策期待较高。

《水电工程建设征地移民安置规划设计规范》(NB/T 10876—2021)中明确指出,移民得以安置后它们必须具备与当地居民基本相当的农业资料(如土地等),移民的生活有所保障,应保持或超过原来的生活水平。这仅仅是一项基本原则,由于移民个体对土地补偿政策的期待值及对工程建设公益性认知度不同,因现行条例未规定统一的补偿补助标准,实践中常出现一个工程一个补偿补助标准,甚至同一工程在不同省际之间补偿补助标准也不统一的现象,引发移民的攀比心理,工作难度大,为了追求更高的个人利益,移民区的社会群体对征地移民补偿政策期待标准较高。

(7)征收征用土地地类和土地利用较常规水利水电工程差异较大。

由于抽水蓄能电站自身建设特点,涉及上、下水库及地下厂房建设,其建设征地范围区别于一般水利水电工程,往往涉及面广(如占用耕地、林地、园林、水域、坡地、荒地等)、不稳定因素多、征地难度大,根据《水利水电工程建设征地移民实物调查规范》(SL 442—2009)的要求,水利水电工程建设征地主要依据《土地利用现状分类》(GB/T 21010—2017)对工程建设范围内的土地进行分类,然后依据各种地类不同的征地补偿标准进行赔付。但由于受不同历史时期政治、经济和政策形势的影响,水库移民的补偿标准和扶持力度都有所差别,使移民区与非移民区、不同时期的移民区之间,经济发展不平衡的情况普遍存在,由此极大地造成了移民心理的不平衡,库区移民社会稳定的大局受到严峻的考验。

因此,水利水电工程建设征地中的土地分类工作不仅关系到移民群众的切身利益、业主的投资及收益,而且关系到当地社会的长治久安,必须本着科学严谨的态度做到全面、认真、细致地调查,积极探索新思维、新方式,客观、公正地反映真实情况,只有这样才能获得移民群众、地方人民政府以及项目业主的肯定和支持,并为将来水利水电项目建设征地的土地调查工作提供一个有力的参考依据。

3.3.2.2　移民安置管理实施关键点及难点

鉴于抽水蓄能电站移民安置管理实施的特点,应着重从建设用地手续办理、征地移民安置施工环境协调等方面进行实施与管理,具体如下。

1. 建设用地手续办理

根据《移民条例》的有关规定,大中型水利水电工程建设项目核准或者可行性研究报告批准后,项目用地应当列入土地利用年度计划,属于国家重点扶持的水利、能源基础设施的大中型水利水电工程建设项目,其用地可以以划拨方式取得,这也是《中华人民共和国土地管理法》作出的明确规定。

2016 年,国土资源部、国家发展改革委、水利部、国家能源局印发了《关于加大用地政策支持力度 促进大中型水利水电工程建设的意见》(国土资规〔2016〕1 号),对水利水电工程的建设用地手续办理作出了新时代特点的有关规定。

2020 年 3 月,《国务院关于授权和委托用地审批权的决定》(国发〔2020〕4 号)明确,将国务院可以授权的永久基本农田以外的农用地转为建设用地审批事项授权各省、自治区、直辖市人民政府批准。《中华人民共和国土地管理法》第四十四条第三款规定,对国务院批准土地利用总体规划的城市在建设用地规模范围内,按土地利用年度计划分批次将永久基本农田以外的农用地转为建设用地的,国务院授权各省、自治区、直辖市人民政府批准;第四款规定,对在土地利用总体规划确定的城市和村庄、集镇建设用地规模范围外,将永久基本农田以外的农用地转为建设用地的,国务院授权各省、自治区、直辖市人民政府批准。开展应依据以下建设用地手续办理的流程和要求。

1)移民安置区及专业项目占地的建设用地手续办理

移民安置区和专项迁建项目建设用地需要按照有关规定和要求办理手续并取得批复。其建设用地的手续一般由签订移民安置协议的地方人民政府负责组织办理。由于是政府自己组织实施的项目,其建设用地手续办理在其征地移民实施过程中容易遗漏,在全面依法依规开展征地移民实施的新时代要求下,这样不但不符合有关法律法规落实更加严格的国家土地管理政策的要求,而且易对移民安置区或专项迁建建设过程产生不良影响。建议有关政府重视移民安置区和专项迁建项目建设用地手续办理工作,有关科研机构或部门可以开展该项工作的专题研究。

2)建设单位需做的工作

(1)用地预审和选址。

按照《中华人民共和国土地管理法》,实施用地组卷前,建设单位要向项目所在地的自然资源主管部门提供项目预审和选址意见书、项目立项审批或核准文件、项目工程初步设计文件(可同时办)等用地组卷必备的信息资料。

办理层级:省自然资源厅负责跨省辖市、省直管县(市)和铁路、机场等具有区域影响力的项目选址,核发意见书;负责涉及占用永久基本农田的全省 38 个国家级贫困县建设项目的用地预审和不涉及占用永久基本农田的跨省辖市、省直管县(市)建设项目的用地预审工作。

省辖市自然资源主管部门负责核发跨所辖范围内的县(市、区)建设项目选址意见书;负责承接省自然资源厅下放权限的建设项目及本级预审权限内的建设项目用地预审。省辖市所辖县(市、区)自然资源主管部门负责核发本域内的项目选址意见书,预审权限不变。

省直管县(市)负责本区域内项目选址意见书核发,负责承接省自然资源厅下发权限的建设项目及本级预审权限内的建设项目用地预审。

办理流程:项目建设单位通过在线审批监管平台向有批准权限的自然资源主管部门提出用地预审与选址申请,有关自然资源主管部门对申请事项进行审查,组织专家论证并提出意见,对符合用地预审与选址条件的,按权限核发用地预审与选址意见书。

合并办理事项:为深入贯彻落实党中央、国务院"简政放权、放管结合、优化服务"改革要求,进一步优化用地审批流程等,2019 年 9 月 17 日,自然资源部印发了《关于以"多规合一"为基础 推进规划用地"多审合一、多证合一"改革的通知》(自然资规〔2019〕2 号),明确要求合并规划选址和用地预审。

以规划选址的层级为准,哪一级负责规划选址,由其负责核发用地预审与选址意见书。如果用地预审是上级机关负责,等上级机关出具用地预审意见后,再办理核发意见书事宜。

(2)地灾和压矿评估。

单独选址建设项目在用地预审和选址后,要分别开展地质灾害危险性评估和压覆重要矿产资源查询评估工作。工作程序是先查询、后评估。

(1)在地质灾害易发区内进行工程建设的建设项目,应当委托具有相应资质的单位开展地质灾害危险性评估。项目立项申请文件中未包含地质灾害危险性评估结果的,各类项目投资主管部门不得进行项目审批、核准和备案,各级自然资源主管部门不得办理用地报批手续。

(2)对经查询涉及压覆重要矿产资源的建设项目,建设单位要与矿业权人就压矿补偿问题进行协商,有关市、县人民政府在承诺做好压矿补偿协调工作前提下,省自然资源厅先行办理用地报批手续。用地批准后,省自然资源厅负责督促建设单位与矿业权人签订补偿协议,按规定办理压覆矿产资源审批登记手续。对未签订补偿协议、未按规定办理压覆审批登记手续的,省自然资源厅不得转发用地批复,有关市、县人民政府不得供地。

(3)现状调查和勘测定界。

现状调查是开展征前工作的要求,勘测定界是用地报批的基础。

(4)征地涉及的相关费用。

按照规定,征地涉及征地补偿费用(征地补偿费、安置补助费、农村村民住宅补偿费、其他地上附着物补偿费、青苗费)、被征地农民社会保障费用、补充耕地费用和新增建设用地有偿使用费等。

征地补偿费和安置补助费按照河南省公布的农用地征地区片综合地价标准执行;农村村民住宅补偿费、其他地上附着物补偿费和青苗费按照项目所在地市、县人民政府公布的标准执行;被征地农民社会保障费用按照省人力资源和社会保障厅公布的最新标准执行。涉及占用永久基本农田的,按项目所在地农用地最高标准执行。

需要落实补充耕地的,由建设单位向项目所在地人民政府提供耕地开垦费,由政府负责落实耕地占补平衡、补偿标准粮食产能。涉及占用永久基本农田的,耕地开垦费按当地最高标准的 2 倍执行。

新增建设用地有偿使用费,要视项目情况具体对待。关于被征地农民的社会保障费用,按照有关管理办法,如根据《河南省人民政府关于调整河南省征地区片综合地价标准的通知》(豫政〔2016〕48号)和《河南省人力资源和社会保障厅 河南省财政厅 河南省自然资源厅关于对被征地农民参加基本养老保险实施补贴的意见》(豫人社〔2019〕1号),2021年6月河南省人力资源和社会保障厅以豫人社办〔2021〕49号文,发布河南省2021年被征地农民的最低社会保障费用为"郑州市(含巩义)2021年被征地农民社会保障费用最低标准为58 200元/亩、洛阳市为49 800元/亩"等。

(5)建设单位需提供的报批材料。

申请用地前,按照规定,项目建设单位要向项目所在地自然资源主管部门提供项目预审、立项和工程初步设计文件。需注意的是,要看预审、立项文件是否在有效期内。

用地审查后,建设用地报自然资源部审查前,需分别按照"一书二方案"报件和"一书四方案"报件分别提供以下材料。

属"一书二方案"报件的提供:省人民政府土地征收请示;省自然资源厅土地征收审查意见;省人民政府农用地和未利用地转用批复文件;建设项目批准、核准或备案文件;省级以上人民政府土地征收成片开发批复文件;建设项目用地勘测定界界址点坐标成果表(2000国家大地坐标系)。

属"一书四方案"报件的提供:省人民政府土地征收请示;省自然资源厅土地征收审查意见;"一书四方案"(呈报说明书、农用地转用方案、补充耕地方案、征收土地方案和供地方案)、用地预审批复;建设项目批准、核准或备案文件;建设项目工程初步设计批准或审核文件;建设项目用地土地分类面积回执表;建设项目用地勘测定界界址点坐标成果表(2000国家大地坐标系);补划永久基本农田地块边界拐点坐标表。

(6)办理林地使用手续。

按照规定,报国务院批准的建设用地,建设单位应在自然资源部完成审查后,建设用地报件上报国务院批准前,依法取得使用林地审核同意书。报省人民政府批准的建设用地,应在省厅审查后,报省人民政府批准前,依法取得使用林地审核同意书。项目已经取得使用林地审核同意书的,应注意林地使用手续是否在有效期内。对将要超期的,建设单位应提前办理延续手续。

3)建设用地审查要点

(1)基本情况。

土地界址、地类、面积是否清楚。权属是否清晰且无争议,是否涉及信访、行政复议、行政诉讼等问题;建设单位已取得的建设项目批准(核准、备案)文件、初步设计批准或审核文件是否在有效期内;已按规定通过用地预审的,用地报批规模原则上不得超过用地预审控制规模的10%。

用地预审时不涉及占用永久基本农田的,用地报批时出现占用的,应重新报自然资源部开展用地预审。

(2)符合规划计划情况。

用地应当符合土地利用总体规划或已按规定程序履行规划调整程序。涉及占用自然保护区且难以避让的,在用地预审环节已组织论证或由相关部门出具意见且占用范围没有发生变化的,不再重新论证或由相关部门出具意见,但必须说明论证或由相关部门出具意见情况;用地预审环节没有开展相关工作的,用地报批阶段要按要求进行论证或由相关部门出具意见。

（3）补充耕地情况。

占用耕地的，包括占用可调整地类和原为耕地的设施农用地的，应当履行法定开垦耕地义务，按照规定落实补充耕地数量、水田和标准粮食产能，并在自然资源部占补平衡动态监管系统中核销，做到耕地占补平衡数量质量双提升。

（4）占用和补划永久基本农田情况。

永久基本农田补划阶段，经国务院批准占用或依法认定减少永久基本农田的，按照规定，在原县域范围内补划数量和质量相当的永久基本农田。其中补划的永久基本农田必须是坡度小于 25° 的耕地，原则上与现有永久基本农田集中连片，并位于永久基本农田储备区内。占用城市周边永久基本农田的，原则上在城市周边范围内进行补划，补划的数量和质量要与占用的永久基本农田相当。

（5）土地征收情况。

按新修订的《中华人民共和国土地管理法》第四十五条规定情形和条件，对涉及征收农民集体所有土地的，要明确说明建设项目符合公共利益需要的情形和征收土地的必要性和合理性。

要落实征地补偿等相关标准，多渠道安置被征地农民，用地报批前应将社保费用足额缴纳至社保账户并出具社保意见函。未利用地参照农用地进行管理，国有土地参照集体土地进行补偿。

（6）节约集约使用土地。

用地面积和功能分区要符合建设用地标准控制等节约集约用地要求。有国家行业用地控制标准的，按标准进行用地规模控制；无国家行业用地控制标准的，建设单位委托第三方开展节地评价。

（7）违法用地情况。

建设用地报批前，应明确建设项目是否存在未批先建行为。如存在，按国发〔2004〕28 号文件，从新从高执行征地区片综合地价补偿标准，并对人、对事进行处罚。

（8）涉及占用自然保护区情况。

建设项目选址难以避让自然保护区的，应按照规定，取得省林业主管部门同意占用的意见。

（9）关于使用临时用地情况。

法律允许建设项目因施工和地质勘查需要临时使用国有或农民集体所有的土地，批准权限在市、县，使用期限不超过 2 年。其中，使用城市规划区内的临时用地，在批准使用前，还应满足城市相关规划要求。同时，市、县人民政府还要引导项目建设单位科学编制临时用地复垦方案，并通过专家评审，相关复垦费用要足额纳入工程概算，并对其进行监督。项目结束后，市、县要监督建设单位履行复垦责任，恢复土地原状。根据当前政策，对尚未及时编制复垦方案由国务院批准的建设项目用地，自然资源部允许通过承诺方式同步开展用地审查，承诺期限为 6 个月。在承诺期内，建设单位要按规定编制复垦方案，并落实复垦费用。

（10）关于使用先行用地情况。

法律明确,国家和省级能源、交通、水利、军事设施等重大项目中,控制工期的单体工程和受季节影响或其他重大因素影响急需动工建设的工程,可以申请先行用地。同时,自然资源部要求,办理先行用地时还要注意六点。一是项目已取得批准、核准、备案文件和初步设计批准或有关部门确认工程建设的文件,且要在有效期内。二是先行用地规模不得超过用地预审控制规模的 20%。三是先行用地不得占用生态保护红线。确实难以避让的,需经省级林业主管部门出具意见。四是落实用地补偿。先行用地办理前,市、县人民政府应就补偿安置标准征得农民同意并承诺动工前将补偿费用发放到相关利益权利人,确保不因先行用地引发信访问题和突发事件。五是不能使用先行用地的情况。存在违法用地的不批准先行用地。六是办理正式用地手续时间要求。一般项目应当在先行用地批准后的 6 个月内办理正式用地手续,纳入国家建设规划的项目及国务院确定的 172 项重大水利项目应当在批准先行用地 1 年内办理正式用地手续。

2. 征地移民安置施工环境协调

征地移民安置工作主要是为了工程建设,没有了工程建设的目标也就不存在征地移民安置的具体工作实施。因此,抽水蓄能电站工程施工进度能否顺利推进,一方面是工程建设施工组织管理;另一方面就是施工环境的协调,工程建设过程中的施工环境的协调,也是征地移民安置实施管理工作的一项重要工作内容。

1) 工程建设管理的基本体制

项目法人责任制是抽水蓄能电站工程建设项目管理的基本制度之一,也是国家水利水电工程建设项目管理的基本制度,对保障工程建设的有序实施发挥了重要作用,项目法人对电站的筹划、融资、建设、运行、经营、还贷以及资产的保值增值全过程负责(引自"对水电工程建设项目法人管理的认识—刘徽")。

由于抽水蓄能电站工程具有周期长、较常规水电工程单项工程点多的特点,项目法人既要组织好工程建设,又要在工程建设关系协调方面起着重要的协调管理作用。经调研多个抽水蓄能电站工程建设管理的施工环境协调管理方式,在实践工作中一般由抽水蓄能电站工程的项目法人成立的领导小组(办公室一般设在工程管理部门或综合管理部门),专门负责施工环境的协调管理。这样的一项基本管理体制,实现了工程建设现场既有项目法人的监督管理,又有项目法人的外部环境协调,达到了处理工程建设高效推进的目的。

2) 施工环境协调组织

根据工程建设的需要,新时代抽水蓄能电站工程施工环境协调均成立县级协调工作组,由项目法人、工程设计、监理和施工单位负责工程建设方的相互协作,县移民管理机构、移民设计和移民监理等作为协调组成员,这样的施工环境协调工作组既有工程建设单位,又有移民实施机构,在出现本地工程建设中出现的因征地工作引起的施工环境问题的处理时,能够快速反应,将问题就地化解和解决。

现场解决不了的,由县人民政府议事机构组织,将问题汇总梳理后转县级人民政府,督促县移民管理机构开展调查和处理工作,切实解决移民群众的合理诉求,对群众阻工现象客观、正确地分析,既要维护移民群众的正当利益,又要依法打击非法阻工、闹事行为,为顺利推进工程建设,维护和创造良好的工程施工环境。

项目法人加强组织施工单位和参建各方开展文明施工,改进施工方法,建立施工过程的应急处理预案,确保施工质量,尽量避免施工产生的噪声、粉尘等对群众生产生活造成影响,避免施工对现场交通、工程爆破、施工滚石等现象,取得当地群众的理解和支持。

在工程建设管理单位的组织下,在各方参建单位的配合下,在省、市、县各级移民机构的组织管理和协调下,加上移民安置群众的理解和支持,工程建设的过程中,多个抽水蓄能电站工程都被评为全国文明工地。

3.3.2.3　抽水蓄能电站移民安置工作存在的问题与措施

征地移民安置工作的实施都是按照移民安置规划报告的内容和移民安置实施方案操作,由于征地移民安置工作涉及人与社会的方方面面,而且涉及土地资源管理、人口户籍管理、征地移民安置实施管理等众多方面,是一项复杂的社会系统工程。因此,在征地移民安置实施过程中,规划、方案不能包罗万象,难免出现征地移民安置工作的众多特殊问题,以下列举了在新时代抽水蓄能电站工程建设征地移民安置实施管理中出现的几个特殊问题,并提出了处理的基本思路,以期为抽水蓄能电站工程建设征地移民安置的实施管理工作提供借鉴。

1. 移民征地勘界与确权问题及措施

1)存在的问题

(1)抽蓄电站征地位置的特殊性,由于历史原因,存在县界、乡镇界不够清晰,国土部门边界与实际群众使用权边界不一致,权属争议地、飞地现象较多,如洛宁村村边界,五岳县边界、群众与林场边界等。

(2)边角地、影响地较多,处理边角地的程序和原则不明确。

(3)停建令发布后,存在生活原因建设的房屋处理等问题。

2)采取措施

(1)在勘测定界和征地补偿时,分清权属,确定边界。

(2)实施前依法制定"征地拆迁边角地确定及补偿管理办理",处理边角地结合实际情况,按照一定程序和原则办理,避免歧议和纠纷。

(3)根据相关法律法规及条例,结合实际情况,对房屋性质分类处理。

2. 征地手续办理问题与措施

1)存在的问题

土地手续办理,特别是临时用地 2 年的问题;新的《中华人民共和国土地管理法》规定,临时用地的使用年限为 2 年,水利水电工程可延期一次两年,其复垦恢复的要求明确为恢复原状。个别地方理解为恢复原貌,研究组认为是不够妥当和准确的,应理解为恢复原土地使用状况。

2)采取的措施

在临时征地实施时要将工程建设和临时用地的使用充分结合、充分研究,临时用地报批时,按照分期使用的土地分期组卷报批,实行分批分期征用临时土地,使用结束后及时组织复垦和返还,确保使用临时用地既能够满足工程建设需要,又不超过法律规定的使用年限。

3. 土地及附着物补偿问题与措施

1) 存在的问题

(1) 在征地过程中,土地面积计算补偿表中常出现累计误差;在补偿资金兑付过程中,部分移民补偿表中经常出现累计误差的问题;

(2) 移民房屋拆除后,房屋的残值确定问题;

(3) 移民土地补偿资金的分配,特别是林地补偿资金的分配方式确定;

(4) 河南省等有关省份的山区林地、未利用地的区片地价补偿偏高,显失公平,明显与耕地权益的保护不相适应,权属纠纷、利益分配纠纷不断的问题等。

2) 采取的措施

(1) 为保证财务结算准确和移民村组及个人的基本利益,减小结算累计误差值,按照面积(保留一定的位数,平方米保留两位小数、亩保留四位小数)分别计算补偿费用到元(两位小数)再累加计算,计算机表格运算一般情况下不宜使用链接数据的方法操作,以单项面积计算资金后再做加法,不宜累加地类面积最后取舍结束再计算补偿资金。

(2) 发挥村干部的主要作用,根据多年征地移民经验,村组干部的威信、号召力、领导力决定了征地补偿工作的进度和效果,可以先配齐、补足村组干部,有条件的,可以探索实行驻村第一书记并加强村组干部的业务培训,达到快速、平安征地移民。

(3) 参照河北省、山东省等出台的征地补偿标准办法,设置征地补偿标准调整系数,充分保障合法利益,保护耕地补偿。

4. 专业项目拆移与建设问题与措施

1) 存在的问题

(1) 重大专业项目建设、一般专业项目建设、生产生活的小型基础设施的分类建设实施程序及操作流程。

(2) 农副业设施或者小型企业搬迁补偿的确定,工作搬迁和拆除迁建难度大问题。

2) 采取的措施

专业项目实施前期开展翔实的调查与沟通,当地政府、项目法人、规划设计等各方建立合法、合规、合理的专业项目拆移与建设方案,确保前期工作的科学性、规范性及合理性。

5. 移民搬迁安置问题与措施

1) 存在的问题

(1) 移民房屋装修补助实施过程操作难度大的问题,移民房屋装修补助不宜采用具体项目补偿单价方式计算概算,实施过程中装修千差万别,项目多而且无法具体量化。

(2) 移民建房困难补助的问题。

2) 采取的措施

概算时按照住房建筑面积补偿总额的8%~10%计列,实施过程中根据装修分3~4个等级,组织实施。例如洛宁、黄河下游、出山店等项目,问题较少,比如五岳就是按照具体项目,仅列出9项共19小类的补偿补助标准,操作难度极大。

6. 其他问题与措施

1）存在的问题

（1）农村的民俗文化保护处理问题。

（2）移民的宗教设施、特殊坟墓迁移问题。

（3）施工影响周边居民生产生活问题等。

2）采取的措施

如果工程建设区域或工程输水系统线路附近居民较为密集，建议将工程施工红线外影响房屋状况调查内容和要求引入抽水蓄能电站工程建设征地移民安置实施内容。线性工程征地、施工过程中，建议充分考虑工程施工的具体影响，在工程施工前对征地红线外 50~100 m 或 200 m 范围内委托第三方开展房屋状况调查以及房屋沉降观测技术鉴定、监测，可以充分保障居民群众的合法权益，同时避免工程施工过程中出现居民房屋裂缝等问题时无法判断和鉴定具体原因，为项目建设方和地方人民政府处理提供决策支持。河南五岳抽水蓄能电站也是在工程地下输水系统上方的、周围的群众房屋开展状况调查。

如台前县黄河下游防洪工程建设征地移民过程中，因线性工程征地红线外部分村庄居住人群较为密集，且黄河下游防洪工程施工的主要工程为放淤固堤，特别是在台前县境内的清水河乡的丰刘程村、吴坝镇邵庄村，因工程施工过程中征地红线外部分村民反映其房屋产生裂缝等问题。台前县征迁办高度重视，受地铁等城市地下工程施工时开展周边房屋状况调查的启发，委托了具备相应资质的房屋鉴定机构对邵庄村影响的民房进行安全性及使用性鉴定，县征迁办根据所提供客观、公正和准确的鉴定成果报告，根据对房屋加固处理的工程造价对村民群众的房屋进行补偿处理，与村民达成一致意见，保障了群众的合法权益，最终妥善处理了群众的实际问题。

3.3.3　安置实施管理经验与建议

3.3.3.1　重视移民安置工作的程序合法性，落实参与各方的技术责任

移民安置工作的前期流程十分复杂，一定要重视移民安置工作的程序合法性，事实上，首先应进行项目前期可研规划，开展《实物指标调查大纲》的编写和审批工作。接着配合其他材料可以申请"工程建设征地范围内禁止新增建设项目和迁入人口的通知"即封库令。调查实物指标应当各方都参与，对成果进行三榜公示，做到公开、公平。移民意愿调查也要全面，必要时，可以进行二次调查，对所有调查成果应做好档案管理工作。

移民安置实施涉及方面众多，综合设计（设代）、地方人民政府、项目法人、综合监理等各参与方在实施过程中均承担了相应的技术责任。目前，对于参与各方的技术责任尚未有规程规范进行明确，在实施过程中相关各方对技术责任的理解也存在偏差，导致部分工作不能顺利开展，影响移民安置实施质量。因此，建议全面梳理实施过程中的技术责任并逐项明确责任方，以保证各项技术工作顺利开展。

3.3.3.2　制定详尽的征地补偿和移民安置实施细则，明确土地、房屋及附属设施等补偿标准

移民安置工作直接关系到当地民生，为了使移民群体在搬迁安置过程中以及搬迁安置后"搬得出、稳得住、逐步能致富"，在工程征迁前，需结合当地发展水平，制定详尽的征

地补偿和移民安置实施细则,明确土地、房屋及附属设施等补偿标准,使移民安置机构在执行过程中有法可依、有章可循。同时为了实现移民生产生活的可持续发展,应根据水利水电工程的特点,并征求影响区乡镇人民政府和村民的意见,移民生产安置是在土地补偿的基础上给予社会保障费用,并对移民进行专业技能培训,使其掌握一门专业技能,增强移民的市场适应能力,提高外出务工人员的收入水平。

3.3.3.3　移民安置各项工作精细化实施

征地拆迁实物指标调查,可以为水利水电工程项目的规模设定,项目设计和项目设计方案优化,编制征地拆迁计划,确定补偿方案以及实施征地拆迁工作提供基础信息。随着水电工程项目的发展,土地征用和移民安置的实物指标调查中不断出现新的事物、遇到新的问题,需要相关技术人员根据有关规定在移民安置调查中灵活运用,并结合实物指标调查实际情况,及时咨询移民专家并形成统一标准。设计单位积极配合项目法人,对工程方案进行比选论证,确定建设征地范围,并根据停建令和《水利水电工程建设征地移民实物调查规范》(SL 442—2009)开展调查和公示工作,实物指标按农村房屋及附属设施、人口、土地、专项设施、企事业单位等分别进行汇总。整个调查过程以负责单位的技术人员为主,沿城市、县以及乡村有关人员密切配合,确保调查成果准确、可靠和可信,并根据不同设计阶段的不同红线,及时做好实物量调查的复核工作。

3.3.3.4　增强工作的透明度

对农户补偿的实物指标和集体补偿项目要公示;农村集体土地补偿资金使用方案应经村委会和村民代表参加会议讨论通过;农村移民安置点的道路、宅基垫土、供水、供电等基础设施由乡镇或村组织实施,但应按照县批准的征迁安置规划进行调整的,需按相关程序进行。专项工程建设按国家有关工程建设规定通过招标落实施工单位,订立施工合同或协议,确保进度、质量和投资的合法合规。

3.3.3.5　关于临时用地到期续期以及使用超期问题的建议

新的《中华人民共和国土地管理法》规定,临时用地的使用年限为2年,水利水电工程可延期一次2年,其复垦恢复的要求明确为恢复原状。个别地方理解为恢复原貌,研究组认为是不够妥当和准确的,应理解为恢复原土地使用状况。

同时根据新时代依法治国的形势下,临时用地的实施工作就要按照《中华人民共和国土地管理法》的有关要求,使用年限为2年,根据《自然资源部关于规范临时用地管理的通知》(自然资规〔2021〕2号)的规定,建设周期较长的能源、交通、水利等基础设施建设项目施工使用的临时用地,期限不超过4年。也就是说,抽水蓄能电站之类的水利水电工程用地时间可以延期2年,即4年。为依法实施征地,新时代形势下,建议在临时征地实施时工程建设用地和临时用地的使用一定要充分结合、充分研究,临时用地报批时,按照分期使用的土地分期组卷报批,实行分批分期征用临时土地,使用结束后及时组织复垦和返还,确保使用临时用地既能够满足工程建设需要,又不超过法律规定的使用年限,同时也可以节约临时用地投资,减少对群众生产的影响。特别是使用年限较长的渣场占地等。临时使用渣场占地,特别是永久堆渣场,面积大,使用年限长,且弃渣堆渣高度较高,难以恢复原状,要充分考虑恢复后的具体情况,根据有关政策确定补偿标准,不但按照年限补偿,而且补偿标准要充分考虑后期复垦后的土地是否能够达到原使用状况,例如某抽水蓄能电站下水库周边区域有较多水田,灌溉条件为自流灌溉,且移民搬迁量较大,堆渣高度最高达到 20 m 以上,在实施过程中不但移民搬迁安置难度大,复垦难度也大,要达到原耕种使用状态难度更大,因此在大面积使用临时占地过程中不仅要做好相关征地宣传解释工作,还要在前期规划阶段尽量选择移民搬迁少、对经济社会影响小的区域,详细做好复垦规划方案。原临时用地为自流灌溉条件的水田或者水浇地的,恢复或复垦以后达不到原使用条件的,建议在有关补偿标准制定时充分考虑有关被征地群众和集体的利益。

3.3.3.6 炸药库选址及建设的参考建议

(1)与当地派出所联系,联合开展炸药库初步寻址。提早开展选址工作,做好与当地公安对接。初步确定后,再报县公安局(治安大队)现场查勘确定。

(2)公安部门程序要求:施工单位必须要办理"民爆器材使用许可证",务必要先行启动办理;否则将严重影响炸药正常使用。

(3)高度重视:开工伊始,爆破员和爆破安全员会面临严重不足的情况。注意提前组织人员报名参加县局组织的专门培训取证工作,安全部长和火工品安全员先行到场组织此项工作。

(4)库房值班室应规划有厨房、厕所、住宿、监控等功能区。要求 3 人值班(必须的要求)。

(5)地区多山、少平地的,现成合适的、面积足够的炸药库地址非常少,基本都需要临时自行建设。

(6)做好炸药用量的预估和集中使用点的预估。山区炸药使用较多;路基开挖、石场使用、隧道使用、挖孔桩使用。选址和确定炸药库容量时要考虑到。

(7)炸药库选址可多利用沿线山区人烟稀少的地方,远离村庄和公共道路。优先考虑在施工便道的沿途寻找合适地址。

(8)在施工便道的沿途修炸药库的,炸药库注意与施工便道保持一定的安全距离,且炸药库的地势应高于便道。炸药库四周地势最好呈凹形或 L 形,利用自然山体防护,且开放面最好能避开人员活动区或便道方向。利用自然凹形或 L 形山体的,要做好防洪措施,因这类地形往往是汇水地带。

(9)有条件的可考虑洞库(短隧道、山体开挖长边嵌入的内凹室、覆土库),参照相关标准建设。利用天然溶洞、天然地势地形的,要注意做好防洪措施。

(10)当地公安部门往往建议使用一种移动库,建议采用,强化防火防盗。

(11)一般选址常采取的是,在隧道洞门的一侧且可与主便道相通的一侧建设炸药库。炸药库距离施工点和工人驻地的安全距离要满足要求。当不满足时,砌筑隔爆缓冲墙,参见相关规范。

(12)安全距离要求。受场地条件所限,各距离达不到规范要求时(或开山量太大),可在炸药库与雷管库之间、值班室靠炸药库一侧做隔爆墙。隔爆墙可采用的形式有梯形砂(土)心+砂浆抹面(或砂浆砖铺)、混凝土实心或空心挡墙体等,参见有关规范。

3.4　征地移民档案管理

抽水蓄能电站工程建设征地移民安置档案是征地移民安置前期、实施和验收工作中形成的具有保存价值的文字、图表、声像等不同形式和载体的历史记录,是反映移民工作过程的重要凭证。征地移民安置档案是真实记载征地移民安置前后社会、经济、文化等历史面貌和征地移民安置工作进程的重要资料,是工程档案的重要组成部分,也是征地移民工作的重要内容之一。做好征地移民档案管理工作,对于维护移民个人和集体利益,保持社会秩序稳定,提高移民工作效率都具有十分重要的意义。移民档案管理工作主要包括管理体制与机制,移民档案的收集、分类及整理、归档立卷,移民档案验收等工作内容。

3.4.1　档案管理依据与内容

《中华人民共和国档案法》(2020 年修订)第一章第四条明确规定:档案工作实行统一领导、分级管理的原则。《水利水电工程移民档案管理办法》(档发〔2012〕4 号)明确水利水电工程移民档案工作管理体制是"统一领导、分级管理、县为基础、项目法人参与"的管理体制。抽水蓄能电站工程移民档案管理的工作内容有:建立档案组织管理体系、档案的形成与收集、档案的管理与归档、移民档案的验收。

3.4.1.1　档案组织管理体系的建立

根据水利水电工程移民档案工作"统一领导、分级管理、县为基础、项目法人参与"的管理体制的要求,各级移民管理机构、项目法人及相关单位要建立健全移民档案工作,明确负责移民档案工作的部门和从事移民档案工作的人员。各级档案行政管理部门负责对本行政区域内移民档案工作的统筹协调和监督指导。各级移民管理机构负责本行政区域内移民档案工作的组织实施和监管,并做好本级移民档案工作;项目主管部门要加强对移民档案工作的监管。项目法人参与本项目移民档案工作的监管,并负责做好本单位移民档案工作。在抽水蓄能电站工程建设征地移民档案管理实践中,主要建立以下档案管理组织体系。

1. 组建水利水电工程移民档案专门工作组

由于工程移民档案数量众多,涉及面广,时间跨度大,其开发和利用都具有一定难度,因此组建专门工作组,有计划、有目的地对档案进行开发和利用才能最大限度地发挥档案的作用,促进社会的稳定发展。在抽水蓄能电站工程建设征地移民安置的档案管理实践工作中,一般移民档案专门工作组由项目法人负责主持,签订移民安置协议的地方人民政府负责组织实施,由参建移民设代、移民综合监理以及移民实施机构、乡镇人民政府、政府组成部门等单位和机构组成的移民档案工作组。项目法人负责技术指导和综合管理,移民实施机构负责组织协调和管理。

2. 落实移民档案工作责任

结合移民档案工作的新形势、新要求,不断深化移民档案工作意识,强化档案工作意识。重点宣传和强调移民档案工作的重要性,真正实现移民档案工作与移民工作同部署、同落实,坚持移民工作与移民档案工作同步进行。凡涉及移民工作的会议和活动,档案部门的人员要参加,要加强业务指导工作,要充分发挥档案在指导工作、调解纠纷等方面的作用,以实实在在的工作成效引导各部门自觉做好移民档案工作。

移民实施机构不论是常设机构或是临时机构,均在移民工作开始前期就高度重视档案管理工作,把档案收集、管理作为日常管理工作的重要组成部分,制订档案管理具体计划。

3.制定移民档案管理制度

在抽水蓄能电站工程建设征地移民档案管理实践工作中,结合工程具体项目特点和移民的主要工作内容制定移民档案的管理制度、办法,是确保移民档案管理规范有序的制度保障。实践中,移民档案管理制度、办法的制定一般由移民实施机构组织,项目法人负责技术归口,参建单位共同参与或委托专业技术咨询机构制定,最后由签订移民安置协议的地方人民政府印发执行的操作程序。

因移民实施工作涉及乡镇人民政府、纪检监察、督察、公安、信访、审计、国土、林业、水利、交通、电力等多个部门,专业也涉及交通、电力、通信、水利工程等多个方面,移民实施机构作为本级政府的征迁安置实施的组织协调部门,根据该单位的工作流程、职责范围,摸清文件材料产生的种类、时间和方式,按照便于管理、易于归类、没有交叉的原则,及时收集,保证档案的具体分类涵盖征迁实施工作的全部内容,体现档案分类的统一性和可扩充性。

建议在移民实施机构开展移民工作前期就建立移民实施管理工作的大事记制度、档案文件卷内目录制度、文件借阅制度等,对收集的文件按照类别和专业项目分开管理,建立文件卷内目录和借阅制度,确保文件材料在管理的过程中不损坏、丢失、混乱,保证移民验收前档案的归档工作顺利进行。

4.加强技术培训,保证档案管理队伍的稳定

为保证移民档案管理工作的顺利开展,各级移民管理机构和参建机构应根据档案管理工作的实际需要,配备专职或者兼职的档案管理人员,同时保证档案收集、管理人员队伍的稳定;对移民档案管理人员要定期进行培训,使档案管理人员的业务素质满足档案管理工作的需要;同时要求档案收集人员必须参与移民实施工作的过程,确保档案资料收集的齐全和完整性,达到移民档案原始文件、图纸、照片、声像资料齐全,分类科学,确保字迹清晰、签字手续完备、管理有序的目的。

5.推动移民档案管理的信息化管理

国家移民档案管理办法明确提出:各级移民管理机构应采用现代信息技术,加强对移民档案的信息管理,使移民档案管理与本单位信息化建设同步发展,确保移民档案的有效利用,强化水利水电工程移民档案的管理机制,促进水利水电工程移民档案的开发与利用。在实践工作中,经过调研多个抽水蓄能电站移民档案,一般县级人民政府受各方面的因素和条件的限制,档案的信息化管理工作水平相对较低,项目法人多为央企、国企,历来重视各项档案的建设管理工作,因此其档案管理水平相对较高,专业技术人才相对稳定,且大多数能够实现档案的电子化。

3.4.1.2　档案的形成与收集

移民档案主要包括移民安置前期工作、移民安置实施工作、专项设施迁建工作、水库

移民后期扶持工作、移民工作管理监督、移民资金财务管理等方面的文件材料。移民档案的形成主要包括征地移民前期档案、移民实施过程档案、移民验收阶段档案以及移民后期工作档案,本节主要介绍移民档案的形成和收集。

1. 移民档案收集的基本原则和要求

移民档案的收集、整理应遵循维护档案材料原貌,保持文件材料之间的有机联系和成套性的特点,便于保管和方便利用的原则。归档文件材料应以项目为单位进行整理,不同项目的文件材料应分类标识、分别组卷。

为确保移民档案的完整、准确、系统、规范与安全,移民档案形成单位要建立移民档案管理制度与业务规范,采取有效措施及时做好移民档案的归档工作。注意做好移民实物指标调查与复核、原址原貌、移民搬迁安置、库底清理、补偿领款、公示公告、专项设施迁建等重要活动或节点的声像材料的形成和收集工作。

归档的纸质材料应为原件,字迹工整、印制清晰、签章完备、日期等标识完整,制成、装订等材料符合耐久性要求。无法获取原件用复制件归档的,要标明原件所在位置。声像和实物档案形成、收集时要按规定标注相关信息,编制相应目录并单独保管。

2. 移民档案收集的主要内容

移民档案按照载体分纸质档案、实物档案、电子档案等。按照类别分类方法包括综合管理类、农村移民安置类、集镇迁建类、专业项目档案、库底清理档案、环境保护、水土保持工程、地灾防治(治理)档案、财务会计档案等。

在具体抽水蓄能电站工程移民实践工作中,移民实施机构等移民实施过程形成收集归档的文件一般分为综合文件、移民搬迁安置文件、专项设施迁建文件、库底清理文件以及财务资金管理文件等几个类别。经过调研分析总结,征地移民实施过程形成和收集的重要档案的范围如下。

1) 综合文件

综合文件主要包括移民规划设计、实施规划或方案及其审批文件;移民安置实施规划调整、设计变更及其审批文件;移民安置协议及相关会议纪要;移民安置点方案及其实施情况;移民安置计划、年度计划及其批复文件;移民安置年度投资计划及其审批文件、设计变更通知、专题设计文件;形成的制度、办法,管理过程的通知、批复和请示;工作计划、总结、通知、汇报、奖惩等;移民工作会议纪要及移民工作大事记;工作宣传报道、经验交流、调查研究、教育培训、统计报表等文件;移民来信来访及接待处理情况、群体性事件及其处置情况文件;工作行政监察、财务检查、资金审计和监督检查工作文件材料;稽察和内部审计工作文件材料等。

2) 移民搬迁安置文件

移民搬迁安置文件主要包括农村移民搬迁安置规划文件;人口情况表及人口(搬迁户)变化情况表;搬迁安置意愿征求意见文件;安置区规划图、土地利用现状图;安置区建设用地手续办理形成文件;移民安置点规划及基础设施设计资料、安置点基础设施、公共设施和居民房屋建设的招投标、合同和竣工验收等文件;生产安置用地调整、分配情况及确权文件;移民实物登记卡、补偿资金卡及补偿补助资金兑付相关手续和证明文件;移民搬迁安置协议文件;农村居民的建设用地及其确权材料,搬迁前后的土地承包证、宅基地证、建房许可证、房产证或购房协议、户籍材料等;集体财产调查核查表、补偿补助情况表、集体财产分割协议书和补偿资金卡,以及补偿补助资金兑付相关手续和证明文件材料;村(组)生产安置费使用管理情况,主要包括村民代表会议记录、申请报告及批复文件、建设项目文件材料等。

3)专项设施迁建文件

专项设施迁建文件主要有专业设施迁(复)建规划文件;专业设施项目设计、招投标、施工、监理、验收、交付使用等情况的材料及有关审批文件;建设用地手续办理过程形成有关资料;专业设施项目补偿补助资金拨付相关手续和证明文件材料等。

4)财务资金管理文件

财务资金管理文件主要包括资金管理工作的有关政策法规、规章制度和管理办法,会计工作的有关规定、办法、细则等;征地补偿和搬迁安置资金以及农村搬迁安置、工矿企业迁建补偿、专业项目建设投资的概(估)算、预(决)算和资金拨付等文件材料;征迁资金年度预算和移民工作专项经费的申请、批复和资金拨付等文件材料;征迁资金收支情况的会计凭证、账簿,资金收支情况的会计报表;财务会计移交或销毁清册;其他有关征迁资金财务管理的文件材料等。

3.4.1.3 档案的管理与归档

移民实施机构根据国家和有关部门移民档案管理的有关规定,对收集的文件材料进行整理归档,确保符合国家有关标准和规范的要求,满足移民档案验收和移民档案移交的基本要求,确保后期管理和使用要求,移民档案整理与归档的具体要求如下:

(1)移民工作管理、个案处理、总体规划设计、综合监理与独立评估等工作中形成的综合管理档案,按照《文书档案案卷格式》(GB/T 9705—2008)或《归档文件整理规则》(DA/T 22—2015)的规定整理。由县级以上移民机构、设计、综合监理与独立评估单位按照各机构形成的档案进行收集、整理和保管。

(2)归档范围和保管期限应结合项目具体特点,按照国家有关征地补偿与移民安置工作文件的归档范围和保管期限表的要求执行。

(3)实物指标调查、复核中形成的人口、房屋及附属物、地面附着物、经济合同协议、文书以及矛盾纠纷协调裁决等凭证材料;房屋产权、土地承包经营权证明等依据性材料,以及调查时形成的地物、地貌的图表、照片等;补偿补助的标准、金额、实物,以及安置方式等搬迁安置户按照行政区划或建制分类。分户、集体、专业设施迁建等文件材料要求齐全完整。

(4)资金管理档案包括资金管理的有关规章制度、文件、会计凭证、会计记账簿、财务报告以及县级以下的会计记账材料等,县级以下形成的会计档案在完成工作的2个月内向县级移民机构移交,均按照《会计档案管理办法》(财会字〔1998〕32号)管理、归档。

(5)声像档案主要包括移民工作中形成的录音、录像、照片、光盘等特殊载体的档案材料,参照《照片档案管理规范》(GB/T 11821—2002)和《电子文件归档与管理规范》(GB/T 18894—2016)进行管理、归档。

(6)归档文件材料按照档案编号装入档案盒,每一档案盒为一卷,档案盒封面、脊背、卷内目录、备考表均完整,签字齐备,填写规范。

3.4.1.4　移民档案验收

移民档案验收是移民安置验收的重要组成部分。工程阶段性移民安置验收时,应同步检查移民档案的收集、整理情况,移民档案检查不合格的,要及时整改。工程竣工移民安置验收时,应同步验收移民档案,凡移民档案验收不合格的,不得通过移民安置验收。

1.做好移民档案验收前准备工作

在各级移民档案验收前应全面开展应归档文件材料的查漏补缺工作;同时,各级机构应高度重视移民档案技术验收备查材料的准备工作,包括移民档案工作汇报材料、移民档案数量、移民分户数量、移民项目数量、移民档案归档情况说明等。

2.各级移民档案验收

1)县级移民档案专项验收

按照统一安排部署,县级移民工作满足验收条件后,先行对县级档案进行专项验收。县级档案专项验收由县级移民机构会同同级档案管理部门组织,对县级人民政府及其以下的移民实施管理工作过程中产生的各类档案资料进行验收,通过听取汇报档案管理工作情况,现场全面检查、质询,讨论作出验收结论,验收合格的,由同级档案管理部门出具验收合格的档案专项验收意见;验收不合格的,由档案管理部门提出整改意见,要求移民机构对存在的问题进行限期整改,整改后再组织验收,直到验收通过。

档案专项验收通过后,在县级自验时,验收委员会应包括移民档案验收类别,邀请专家对档案管理情况进行验收,并形成相应的验收意见,与其他验收工作类别一并报验收委员会讨论是否通过验收。

2)市级档案验收

县级自验完成后,申请市级组织初验,市级人民政府在接到申请后,结合市级工作具体安排作出初验安排。在市级初验验收前,市级档案专项验收作为市级初验的前提,由市级移民机构会同本级档案管理部门组织对本级的档案进行专项检查验收,并通过听取征迁机构汇报档案管理工作情况,现场检查、质询,讨论作出验收结论,验收合格的,由市级档案管理部门出具验收合格的档案专项验收意见;验收不合格的,由档案管理部门提出整改意见,对存在的问题进行限期整改,整改后再组织验收,直到通过市级档案专项验收。

市级初验时,验收委员会的组成要求有档案验收类别,并邀请档案管理方面的专家组成验收工作组,对市级和县级档案管理情况进行验收,形成相应的档案组验收意见,与其他验收工作组一并报送验收委员会讨论是否通过验收。

3)省级档案验收

省级终验是对市、县各级移民机构和参建单位的总体验收和总结,省级终验成立的验收委员会应包括档案验收类别,对各级移民管理机构、项目法人以及综合设代、监理等单位的档案管理归档情况进行验收,对移民档案收集归档、整理编目情况,库房管理、保管利用等情况,经移民档案验收专项类别组进行综合评议,形成工程移民档案验收意见。确保移民档案按国家及项目的档案管理规定进行归档整理,检查移民档案管理归档是否符合要求,是否规范,对移民档案的人员和设备配置情况进行检查验收。

3.4.2　档案管理实践特点与分析

3.4.2.1　档案管理工作的特点

1. 动态性

移民档案管理是一个动态性的工作,涵盖了移民搬迁安置的全过程。从移民工作的全过程来看,水库移民档案是由移民安置前期工作、移民安置实施工作、移民后期扶持工作、移民工作管理监督、移民资金财务管理等具体形式的移民搬迁安置活动等形成各类文件材料。因而,移民档案管理工作不能简单地局限于某一静态的具体工作,而应贯穿于动态的水库移民搬迁安置的全过程。

2. 差异性

在移民工作的过程中,每一阶段的工作任务、工作重点不同,因而文件材料形成的数量、内容相应也有着明显的差异,这就需要档案管理工作者在实际工作中能够熟悉每一个阶段的工作任务和工作重点,有针对性地开展工作。

3. 系统性

从移民工作的性质分析看,它是涉及水文地质风俗民情、文物古迹、市政建设、农业开发、水土保持等诸多方面的一项系统性的社会工程,需要党和政府充分调动库区和移民安置区广大人民群众的积极性,充分考虑和照顾各方面利益,这也将形成各种不同内容和不同载体的文件材料。

4. 复杂性

从档案管理主体来看,水库移民档案管理工作,涉及迁出地和迁入地档案管理部门;从档案管理范畴来看,水库移民档案管理工作既涉及人事管理、项目管理、文物管理、环境管理、财务管理等多方面的工作;从档案管理形式来看,在移民档案管理中,主要档案门类的内容、成分、载体形式几乎无所不包。因而相比其他类型的档案管理工作,水库移民档案管理的工作更加艰巨和复杂。

3.4.2.2　档案管理存在的问题

根据查阅文献资料,结合现场调研情况,档案管理中存在的问题,主要体现在档案意识较弱、人员专业素质不高两个方面。

1. 档案意识较弱

体现在档案管理工作人员存在对移民档案工作重视不够、档案意识淡薄的问题,对档案工作的理解不深入。国家虽有规定要保障移民档案工作所需经费、库房及其他设施、设备等条件,以及组织开展移民档案人员的业务培训,并适时组织移民档案工作交流。但在实际工作中县移民办没有开展移民档案管理的业务培训的记录,也没有建立起符合规定的库房及其设备,更没有建立健全移民档案工作制度与业务规范。对于此类有法不依、有章不循的情况,档案意识淡薄是原因之一。同时,忽视档案工作的重要,缺乏归档意识,会导致档案工作前松后紧,错过档案收集的最佳时机,致使档案收集不齐全。

2. 人员专业素质不高

移民档案管理属于边缘学科,做好移民档案管理,不仅需要档案管理人员通晓档案管理的知识,还要熟悉移民安置工作。这就导致相应的人才少之又少,若要提升移民档案管理人员的业务水平,就必须开展指导和培训。《水利水电工程档案管理办法》要求各级档案行政管理部门和移民管理机构应组织开展移民档案人员的业务培训,适时组织移民档案工作交流,并对本行政区域内移民档案工作监督指导。有的单位虽然会对档案管理人员进行归档培训,但授课内容多为纯理论知识,集体授课效果欠佳。所以,移民档案管理工作人员专业素质不高,多数原因还是缺乏针对性强的培训。

3.4.3　档案管理经验与建议

3.4.3.1　加强移民档案业务管理的规范化建设

为保证抽水蓄能电站工程移民档案管理质量,移民档案管理部门应加强档案业务的规范建设。县级移民管理部门可以设立移民档案收集归档工作小组,首先明确移民档案的收集范围、整理标准、移交时限等问题,再组织协调各乡(集)镇和相关移民迁建单位及项目业主间的档案整理工作,检查和监督档案整理工作,负责审查移民档案资料是否齐全、完整、准确,管理是否规范、安全。其他移民管理机构以及项目法人都应将移民档案收集工作纳入移民工作计划和程序,充分发挥基层干部组织和干部的作用,做到移民档案工作与移民工作的同步管理。

优化档案业务流程,去除影响档案管理效率的冗余环节;加强移民档案标准规范建设,并要求档案业务人员严格按照制定的标准开展档案管理工作。按照国家规定的标准规范整理各类移民档案。

3.4.3.2　加大经费,完善档案管理基础设施建设

政府应拨付充裕的财政资金,以充分保证移民档案管理部门的日常经费开支,同时根据移民实施管理需要,移民实施管理费内可以专设机构开办的档案基础设施建设费用,以加强移民档案软、硬件基础设施建设,建立起有效的移民档案保管机制。从物质上确保移民档案保管条件符合国家有关标准和技术规范。水库移民档案管理部门应争取各种政府资源和社会资源,积极申请项目经费,以改善移民档案管理工作环境,提升移民档案管理服务水平。

3.4.3.3　建章立制,加强移民档案工作管理

将移民档案的收集、归档工作列入移民管理工作程序和移民工作计划,纳入各职能部门工作职责和年终经济责任制考核,加强移民档案工作目标考核管理,以考核促进工作推动。移民工作相关单位要结合档案工作实际,制定移民档案收集、整理、保管、鉴定销毁、利用各项规章制度,做到有章可循、按章办事。

3.4.3.4　创新工程移民档案开发利用方式

在电子政务时代,移民档案管理工作也应当与时俱进,因此应大力开展档案信息化建设,配备并使用专用的档案软件,建立各门类档案目录数据库,实现移民工作重要文书档案的全文管理,并做到信息公开,建立共享的、标准统一的移民档案数据库,使之能衔接移民部门与档案管理部门、各移民部门之间、移民管理部门与上级主管部门,甚至是业务往来部门之间的管理信息系统与基础数据库,实现数据互通和系统互联。

做好工程移民档案的开发利用工作:第一,要整合工程移民档案信息资源。通过收集整理与科学化分析,充分发掘档案的利用价值,形成编研成果,实现档案利用经验的共享,为新时代抽水蓄能电站工程移民档案的开发与利用提供经验借鉴。第二,实现水利水电

工程移民档案资源的信息化发展。建立统一的管理平台,同时建立多媒体数据库项目档案数据库,实现纸质资料、照片、录音的数字化,通过网络加大档案信息资源的开发力度与档案信息的传播,以更加便捷的方式提供利用。第三,建立水利水电工程移民档案馆,并按照主题(项目立项资料、项目施工资料、项目验收资料)有针对性地开放水利水电工程移民档案,配合多样化的检索系统,使需求者不管在实地或者在网络,都可以快速找到所需资料。第四,加大移民档案开发与利用的宣传力度,变被动服务为主动服务,通过开展口头咨询、电话咨询、网络咨询等服务,提高有关部门和群众利用档案解决问题的意识,减少纠纷和上访事件的发生,切实保障国家和人民的利益。

3.4.3.5　转变观念,强化责任机制和人才培养

移民档案工作有关部门必须转变观念,将移民档案工作放在与移民工作同样重要的位置上,保证工程移民档案工作和移民工作的同步进行。

首先,完善移民项目档案开发与利用的责任机制。各级档案行政管理部门负责对本行政区域水利水电工程移民档案工作的统筹协调和监督指导,项目主管部门应加强对工程移民档案工作的监督,各级移民管理机构负责本行政区域内工程移民档案工作的组织实施和监督,项目法人参与工程移民档案工作的监督,涉及工程移民工作的单位负责其承担任务形成的移民档案工作间。其次,安排有较高专业素质的人员担任专职水利水电工程移民档案管理员,做到各司其职,形成主要领导重视、科室主任分管、档案管理人员具体负责的开发利用体制。最后,加大力度培养专业知识强、政治素养高的水利水电工程移民档案人才,组织档案工作人员学习档案工作知识,加强移民档案管理人员的业务培训和管理,并适时组织移民档案工作的行业内外交流。只有建设一支政治觉悟高、业务过硬的移民档案管理队伍,移民档案管理工作才能走上规范化、信息化管理的轨道。

3.4.3.6　把握利用需求,切实发挥水利水电工程移民档案的利用价值

由于工程移民项目涉及安置征地、拆迁、划分田产地产、基础设施建设等一系列工作,水利水电工程移民档案作为记录整个工程的原始凭证,与老百姓的利益有着直接关系。因此,为了使有关部门以及群众能够更加便利地利用档案解决问题,档案管理部门应深入基层,了解水利水电工程移民项目进行过程中百姓最为关注的热点问题,以现有的档案为基础,做好与此类问题相关档案的整理、分类工作。而移民工程需要经历不同阶段,即移民迁出、移民安置、移民安居,这也要求档案管理部门必须时时掌握利用需求的变化,突破传统封闭的状态,积极与一线工作人员或者人民群众联系,以适时做出调整。水利水电工程移民档案要做到与移民工作同步,避免需要利用档案时出现无档可用的情况,这既是对档案管理资源的浪费,也是对人民群众利益的损害。

新时代抽水蓄能电站工程的县级移民实施机构基本上为新成立的或挂靠在其他单位的临时性机构,其移民档案整理归档后如何管理、如何移交,由什么部门接收目前没有统一的规定,而且随着抽水蓄能电站工程移民后期遗留问题处理、区域开发等工作的深入推进,移民档案的管理难度更大。有些临时移民机构形成的移民档案连全宗号都未明确,建议有关部门在启动征地移民实施工作前就重视移民档案的管理。

在新时代抽水蓄能电站移民工作实践中,部分如相关补偿协议,土地补偿费分配方案,相关财务结算资料,村组、村户等补偿资金兑付资料等不完整或部分档案资料在乡镇

人民政府,未及时收集归档或收集难度大,造成部分原件仍长期留在乡镇的现象普遍存在。由于抽水蓄能电站工程临时用地周期长,补偿协议、补偿资金兑付等资料的逻辑性和连续性不够严谨等现象较为普遍,如临时占地地面附属等补偿兑付相关手续及证明、核销及结算表、汇总表等资料以及复垦、返还等资料不完善;专项设施迁建过程中,部分项目由行业部门负责,也有部分项目由移民实施机构负责组织实施,档案资料形成和收集不够统一,项目建设用地手续的办理等资料缺失现象较多。以上问题建议有关部门引起重视,在征地移民实施过程中提前明确、提前计划,避免或减少出现类似问题。

3.5　征地移民资金使用与管理

3.5.1　移民资金使用与管理依据及内容

3.5.1.1　移民资金筹措与拨付

移民资金是指抽水蓄能电站工程建设征地产生的、用于非自愿性搬迁移民和征地的各项资金。移民资金按照其科目分类主要有农村部分补偿费用、专项设施迁建费用、库底清理费、独立费用、其他税费和预备费等。移民资金主要是补偿、补助费用,是对大中型水利水电工程建设征地造成的直接损失和间接损失进行补偿、补助的统称,是指移民搬迁安置时,对因工程建设征地和水库淹没造成的土地等生产资料及移民财产损失给予的经济补偿、补助,抽水蓄能电站工程移民资金的筹措和拨付管理如下。

1. 移民资金的筹措

根据抽水蓄能电站工程前期管理有关程序要求,移民资金的概算批复为项目可行性研究报告批复,其最重要的直接依据就是省级移民管理机构审核的移民规划报告,经审核的移民安置规划报告的移民概算投资列入电站的建设成本,即为项目法人应筹措的移民资金。

抽水蓄能电站工程的项目法人一般由水电开发建设的法人成立,项目法人应根据工程建设进度计划,结合与地方人民政府签订的移民安置协议和移民工作计划、移民资金使用计划,积极筹措移民资金。

移民资金筹措不及时,将可能直接引起征地移民工作的滞后,从而影响工程建设进度;也可能影响移民及地方人民政府对电站工程建设的长远信心和耐心,从而影响一个地区的投资环境,甚至影响移民社会的和谐稳定。因此,项目法人应将移民资金的筹措作为项目建设的重要工作,确保按照计划进度积极筹措各类资金。

2. 移民资金的拨付

抽水蓄能电站工程移民资金的拨付流程,以往是项目法人根据移民安置协议分期分批拨付。新时代抽水蓄能电站工程移民资金的拨付流程,在根据《移民条例》签订移民安置协议约定的基础上,根据移民综合监理的有关规范要求和授权,签订移民安置协议的地方人民政府根据协议约定和移民工作计划、移民资金使用计划向项目法人提出拨付申请,移民综合监理单位根据约定、移民工作计划和移民资金使用计划,结合移民实施进度和移民资金使用进度提出移民综合监理审核意见,项目法人根据移民综合监理的审核意见和项目进展情况及项目法人的移民资金筹措情况,审核批准拨付有关地方人民政府。

需要注意的是,移民资金的拨付应当按照批复的移民规划报告相关科目,按科目拨付移民资金,同时移民资金拨付均具有先拨付后使用的特点,项目法人要按照移民资金科目建立移民资金拨付管理台账。

在征地移民实施实践工作中,前期拨付移民资金可按照一定比例分期拨付移民资金,由于征地移民实施过程中关于移民实物指标错漏登、移民实施过程的变更、项目建设时方案优化调整征地范围等原因常引起移民资金的调整。因此,移民资金科目调整、设计变更等多方面将影响原移民安置协议约定的各科目移民资金,如何根据移民实施进展和移民资金使用情况开展后期移民资金的拨付工作,研究组经过调研多个抽水蓄能电站和其他水利水电工程移民项目,建议按照以下两种方法拨付后期移民资金:第一种方法是,按照移民工作完成的比例,在征地移民安置工作达到某节点后,将移民安置协议约定全部剩余移民资金由项目法人按照约定拨付到位;第二种方法是,达到一定阶段后,签订协议的地方人民政府编制移民规划调整报告,经审核批复后,调整移民资金相关科目作为移民安置协议约定的移民资金科目,结合相关移民工作进度和计划情况,按照约定流程拨付移民资金。

在移民设计变更发生后,通常发生移民资金的调整,除履行移民设计变更程序外,发生较大变化时,建议项目法人和地方人民政府通过及时签订补充协议的方式,明确移民资金科目和相关管理方法,避免移民资金经多次拨付后发生管理混乱的现象。资金拨付流程见图3-5。

3.5.1.2 移民资金使用与会计核算

移民资金按照有关流程拨入签订移民安置协议的地方人民政府以后,其资金的属性就发生了变化,由项目建设资金转变为移民资金,管理人由项目法人转变为地方人民政府,其使用管理就应按照国家财政、民政救灾资金等资金同等管理要求严格执行,本节主要总结介绍移民资金使用管理和会计核算,移民资金的使用范围见表3-7。

1. 移民资金使用管理的基本原则

(1)统一领导、分级负责的原则。

实行"政府领导、分级负责、县为基础、全面监管"的管理体制。省级移民管理机构负责全省的移民资金管理指导及监督工作,市级移民管理机构负责辖区内移民资金管理及监督工作,县级移民管理机构负责辖区内移民资金的使用、管理及监督工作。新时代抽水蓄能电站工程移民的管理体制下,一般资金由项目法人拨付到县级移民管理机构,其既是使用管理移民资金的责任主体,也是本辖区移民资金监管的责任主体,对其使用、管理的移民资金负责。

(2)概算控制、计划管理的原则。

各级人民政府及其移民管理机构必须严格执行批准的移民概算,不能随意调整,确需调整的,应按程序进行报批。抽水蓄能电站工程移民概算控制应按照批复的规划报告,项目法人和签订移民安置协议的地方人民政府共同控制,统一计划管理。项目法人在概算控制方面主要是不能随意调整工程建设征地范围,造成征地移民规模变化,确需调整的应履行相关手续;地方人民政府在概算控制方面,主要做法是根据移民规划报告的内容,结合批复的移民概算,制订移民实施规划或移民实施方案,严格计划管理,在移民安置协议签订的概算内开展征地移民实施管理工作。

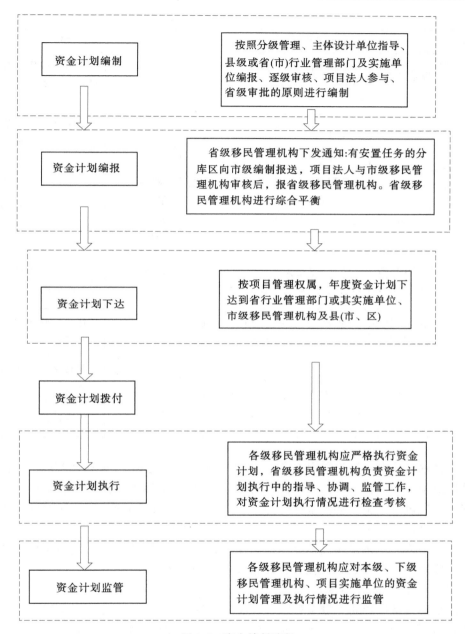

图 3-5　资金拨付流程

2. 移民资金使用管理有关要求

1) 专款专用、专户存储、专账核算

移民资金是专项资金,不得挪作他用,抽水蓄能电站工程移民资金库区和安置区之间、项目之间、项目费用和独立费用之间、在建项目和后期扶持移民资金之间不能挤占、挪用。

表 3-7　移民资金使用范围

资金类型		前期补偿资金		后期扶持资金
使用范围	征地补偿	征收和征用土地补偿、农用地复垦费	支持库区和移民安置区基础设施建设及经济社会发展	基本口粮田及配套水利设施建设
	搬迁补助费	人员搬迁补助费、物资及设备搬迁运输费、建房期补助费、临时交通设施补助费		交通、供电、通信和社会事业等设施建设
	附着物拆迁处理补偿费	房屋及附属建筑物补偿费、农副业及文化宗教设施补偿费、企业搬迁补偿费、行政事业单位迁建补偿费		生态建设和环境保护
	青苗和林地处理补偿费	青苗、零星树木、征占用林地林木、征占用园地林木补偿费		移民劳动力技能培训及职业教育
	基础设施恢复补偿费	建设场地准备费、基础设施建设费、工程建设其他费用		移民能够直接受益的生产开发项目
	其他项目	养老保险安置支出、建房困难户、生产安置措施、义务教育和卫生防疫设施增容等补助费		与移民生产生活密切相关的其他项目
			监测评估费用	移民安置监督评估

　　在建抽水蓄能电站工程移民专项资金,应当实行专户存储、专账核算管理。移民管理机构移民资金账户应在国有银行开设移民资金专户,乡镇移民工作站点的账户开设应向县级移民管理机构报备。移民管理机构的移民资金账户开设方面,有条件的可以实行项目资金和独立费用资金分别开设,便于后期使用、管理和核算。

　　县级移民管理机构是移民资金基础会计核算单位,乡镇及临时设置的项目管理单位移民资金应采用县级报账制,由县级移民管理机构统一核算。

　　2)严格监督管理、严禁侵占

　　移民管理机构应当建立健全移民资金监督管理机制,加强移民资金监管,严禁外借、委托贷款、担保、偿还非移民事务形成的债务,不得对外投资、购买有价证券,不能挤占、挪用、浪费、截留、套取移民资金。

　　3)会计人员管理

　　移民管理机构决定重大事宜应集体决策。移民管理机构应按内控制度的要求设置财务会计岗位,明确机构及各岗位的职责,配备具有会计从业资格的财会人员,且应为机构正式人员。

　　4)移民资金利息管理

　　按照移民条例有关规定要求,移民资金存储期间的孳息,应当纳入征地补偿和移民安置资金,不得挪作他用。移民项目资金利息收入冲抵财务费用后,转增移民项目资金,纳入计划管理,主要用于移民安置项目、移民资金收支审计、工程造价结算(预算)审核、单项及总体竣工财务决算审核、经济责任审计、财务咨询等;实施管理费利息收入可转增实施管理费。在抽水蓄能电站工程移民资金使用管理实践中,个别项目未按照有关要求设立专户,在县级财政资金账户存储,既不能保证资金的安全,也不符合国家有关要求,其利息管理更无从谈起,建议有关部门在抽水蓄能电站工程移民实施前,重视移民资金账户的管理。

3. 移民资金计划管理

移民资金计划由移民管理机构统一移民资金计划管理,且应当遵循以下原则:

(1)凡使用移民资金的机构和单位,都应按关于资金计划管理的规定向移民管理机构编报年度资金使用计划。

(2)移民资金年度使用计划应按批准的移民安置规划实施总进度、分阶段进度和概算,结合当年的移民迁建安置量,根据移民工作实际倒排工期编制。

(3)移民资金使用计划超批准规划及概算部分,在调概批准前必须征得项目法人同意和移民设代机构审核认可,经移民管理机构审批,方可纳入移民资金计划。

4. 移民资金计划下达

资金计划是资金拨付的重要依据,原则上无资金计划不拨付资金,严格执行任务对应规划、计划对应任务、资金对应计划、监督对应资金及任务的管理办法。

1)一般要求

移民管理机构按项目管理权属下达资金计划,属省行业管理部门组织实施的项目,年度资金计划下达到省行业管理部门或其实施单位;属市(州)组织实施的项目,年度资金计划下达到市级移民管理机构;属县(市、区)组织实施的项目,年度资金计划逐级下达到县(市、区)。

抽水蓄能电站工程移民实践工作中,一般由地方人民移民管理机构根据年度资金计划,结合移民资金使用情况,经移民综合监理审核后,由项目法人下达拨付移民资金。

移民管理机构下达的资金计划,不得随意变更调整,确需变更调整的,必须按计划编报程序逐级上报审批,除特殊情况外,计划的变更调整一般在每年10月底以前完成,经批准变更或调整的纳入当年资金计划。资金计划属当年目标管理考核指标,一年一定,上年度资金计划内拨付未使用的资金转入下年度资金计划内使用。

2)资金计划的编制原则

资金计划按照分级管理、主体设计单位指导、县级或省市行业管理部门及实施单位编报逐级审核、项目法人参与、省级审批的原则进行编制下达。

3)资金计划编报程序和要求

一般每年10月底前,项目法人会同地方人民政府下发编制次年资金计划的通知,移民管理机构编制报送次年资金使用计划,经项目法人与移民综合监理机构审核汇总后,每年1月底前,项目法人编制次年资金计划。移民实施机构根据移民工作实施进展情况,分期分批按照资金计划申请,项目法人根据资金计划和移民综合监理的审核意见,进行综合平衡,分批下达资金计划。

　　移民资金计划管理的主要内容包括移民前期工作经费和移民迁建安置补偿补助资金,具体为:农村移民安置补偿补助费、城(集)镇迁建补偿补助费、专项设施迁(复)建费、库底(场地)清理费、环境保护和水土保持费、独立费(其他费)、预备费、利息收入等。

　　资金计划编制办法,资金计划编报必须根据已批准的移民安置规划、移民投资概算、分年度移民投资量及移民工程进度要求编制。

　　5. 移民资金的会计核算

　　县级移民管理机构为基础会计核算单位,乡镇和其他单位为报账单位。县级移民管理机构应按照规定设置账户,组织会计核算,并对移民资金实行专账核算。

　　1)移民会计的基本任务和要求

　　按规定设置账户、处理会计业务、登记会计账簿、编制会计报表等,正确、及时、完整地记录、反映移民资金活动情况;建立健全本单位财会管理规章制度,实施会计监督,指导下级会计单位的工作;参与经济决策问题的研究和经济项目合同的签订,监督计划、项目合同的执行;对征地移民资金活动情况进行分析,考核计划执行情况和资金使用效果严格按照《中华人民共和国会计法》的规定做好移民资金会计管理工作。会计、出纳、稽核要根据岗位牵制要求进行明确分工,划分职责范围,按分工办理经济业务手续和处理账务。会计业务应当真实准确,做到账证、账账、账表、账实一致。

　　2)会计核算一般原则

　　移民资金会计核算的会计时间分为年度、半年和月份。会计年度自公历 1 月 1 日起至 12 月 31 日止,会计期末,移民管理机构应根据规定编制移民资金会计报表,并向上一级部门按时报送。移民资金的会计核算应当真实可靠、全面完整、相关可比、清晰明了、编报及时,以便监督考核移民资金的使用情况。

　　移民资金的会计核算必须以合法的会计凭证为依据,记录和反映各项收支活动。移民资金的会计核算应当保证会计指标口径一致,会计处理方法前后各期一致。

　　3)会计机构和会计人员

　　移民管理机构应当按要求设置专门的会计机构及专职会计人员,从事会计工作的人员,须取得会计从业资格证书。会计机构负责人的任免,应当符合《中华人民共和国会计法》的有关规定。

　　移民管理机构应当根据需要设置会计工作岗位,出纳人员不得兼任稽核、会计档案保管和收入、支出,费用、债权、债务账目的登记工作。

　　会计电算管理单位要保存好电子档案,并及时打印出纸质凭证、账页、报表存档。根据《中华人民共和国会计法》的规定,会计人员在会计工作中要遵守职业道德,严守工作纪律,提高工作质量。离开会计工作岗位的会计人员,应按规定办理会计移交,结清手续。

　　4)会计科目

　　移民管理机构应按照有关规定和工程移民项目规划的主要内容,设置和使用会计科目、编制会计凭证、登记账簿,对移民资金进行会计核算。

　　经过调研多个抽水蓄能电站工程移民会计核算工作,大多数开发了会计核算软件,实现会计核算的电算化,提高了工作效率,建议有关移民实施管理机构推广、借鉴。

移民会计科目主要有库存现金、银行存款、拨出移民资金、移民资金支出、应收款、预付项目款、固定资产、拨出其他资金、其他支出、拨入移民资金、应付款、预收项目款、固定基金、拨入其他资金、其他收入等。

新时代抽水蓄能电站工程移民的会计核算,重要的科目是移民资金支出科目,该科目是执行征地补偿和移民安置投资概算时发生的支出,主要包括农村移民安置补偿、工业企业迁建补偿、单位补偿、专业项目迁(复)建补偿费、单项工程建设费、库底清理费、基本预备费、有关税费等方面的支出。

农村移民安置补偿费支出:核算农村安置补偿的各项支出。该科目下级明细科目可按照移民规划报告的概算批复表得知。在征地移民实施过程中该科目往往是会计核算的重点和难点。由于农村移民安置补偿费科目中,既有永久用地的土地补偿补助费用,又有临时用地的补偿费用;既有移民房屋及附属设施补偿费,又有移民基础设施建设费;既有移民枢纽区的征地补偿费,又有安置区的征地补偿费。同时,在移民搬迁补偿时,往往移民安置协议的相关费用包括内容较多,不仅有移民房屋及附属物的补偿补助费,还有搬迁补助费、过渡期生活补助费等,还可能有搬迁奖励、困难户补助费、装修补助费等,其费用的核算科目多,且一般都在移民搬迁安置协议一个凭证中体现,不熟悉征地移民工作的有关会计工作人员往往核算列入科目不清晰,会给后期会计核算和有关移民资金管理工作带来不便,因此有关移民管理机构和会计人员应充分了解征地移民安置的具体工作过程和工作内容,重视该科目的会计核算工作,加强学习和培训。

专业项目复建补偿费支出:核算专业项目迁(复)建的各项支出。该明细科目应按概算项目一般设置以下明细科目:交通复建费、电力设施复建费、通信设施复建费、广播电视线路复建费、文物古迹挖掘保护费、水利设施复建费等。该明细科目包含的内容较多,不但包括工程建设相关费用,在交通、水利等设施恢复迁建中,还包括专项的征地补偿等相关费用、建设用地手续办理费用等,建议严格按照批复的概算项目表准确计入科目。

其他费用支出:核算各设计阶段的其他费用支出。该明细科目应按概算项目一般设置以下明细科目:前期工作配合费、综合勘测设计科研费、地方人民政府实施管理费、机构开办费、技术培训费、监督评估费(综合监理和独立评估费)、技术咨询费、其他费等。前期工作配合费核算项目前期工作过程中形成的费用;综合勘测设计科研费核算可研设计和实施设计阶段所发生的勘测、规划、设计及科研费用;地方人民政府实施管理费核算移民管理机构所发生的工资,办公、差旅等经常性管理费用;机构开办费核算移民管理机构为启动和日常办公所需的办公设备,生活家具、用具、交通工具购置和房屋建设,租赁等费用;技术培训费核算移民管理机构为提高农村移生产技能、文化素质和移民干部管理水平所发生的培训费用;监督评估费核算移民综合监理和独立评估机构对居民搬迁、生产开发、企业和专业项目迁(复)建等进行监理所发生的费用和对居民搬迁过程中生产生活水平的恢复跟踪监测评估所发生的费用;技术咨询费核算征地移民实施过程中的技术、政策咨询服务费用,该项费用一般由项目法人和移民管理机构按照移民安置协议约定分配概算资金;其他费核算移民管理机构所发生的其他支出。

5)会计报表

根据移民资金的性质和用途,结合抽水蓄能电站工程项目自身的移民管理体制,建议设置统一的会计报表,用于移民管理机构审核与汇总;全面、系统和完整地反映移民资金的来源和占用,检查移民资金的使用情况,综合考核、分析移民资金的投资效果。

移民管理机构应当按照规定编制报送会计报表。报出的会计报表应依次编定页数,加具封面,装订成册,加盖公章。封面上应注明:移民机构名称、地址,报表所属年度、月份、送出日期等,并由单位负责人、会计机构负责人签名并盖章。经调研,多个抽水蓄能电站工程移民有关会计报表存在普遍不够统一、规范,建议有关部门重视和加强抽水蓄能电站工程移民会计报表的管理,补齐会计报表不规范的短板。

3.5.1.3　移民资金检查监督

根据移民条例的有关规定,国家对移民安置实行全过程监督,对征地补偿和移民安置资金的拨付、使用和管理实行稽察制度,对拨付、使用和管理征地补偿和移民安置资金的有关地方人民政府及其有关部门的负责人依法实行任期经济责任审计制度。本节主要总结抽水蓄能电站工程移民资金检查监督的主要内容和方式。

1. 移民资金检查监督的方式

根据移民条例及有关地方人民政府关于移民资金的检查和监督相关办法、制度等,移民资金的检查监督方式主要有稽察、专项检查、审计、第三方监督评估等方式。

1)稽察

根据国家有关条例的规定,移民资金管理实行稽察制度。因此,在建的抽水蓄能电站工程移民资金管理也在稽察范围内,移民资金管理稽察坚持依法依规、客观公正、实事求是的原则。根据有关稽察权限,国家部委和省级人民政府的移民管理机构均有不同性质的移民资金管理稽察工作。

项目法人、签订移民安置协议的地方移民管理机构或者行政主管部门、其他拨付使用管理移民安置资金的单位,移民安置规划设计单位和移民综合监理、独立评估等单位,应当配合移民安置资金管理稽察工作。

2)专项检查

在抽水蓄能电站工程移民资金管理专项检查方面,一般可以是项目法人上级主管单位安排的移民资金管理专项检查,也可以是移民实施机构上级业务主管部门或人民政府组织的专项检查。

3)审计

移民资金审计主要有移民资金使用管理情况的跟踪审计、竣工阶段审计、政府审计,有关部门的负责人的任期经济责任审计等。在抽水蓄能电站工程移民实施中,一般跟踪审计分为项目法人主管单位委托的移民资金使用管理情况审计、移民管理机构接受对方人民政府的移民资金管理情况审计等较多。根据移民验收的有关条件,移民资金使用管理情况要经过政府审计这一项必要条件。

4)第三方监督评估

移民资金管理的第三方监督评估主要是指移民综合监理单位和独立评估单位开展的关于移民资金管理方面的全过程的监督评估。

2.移民资金管理监督的主要内容

1）稽察

移民安置资金管理稽察主要内容包括：国家有关基本建设及移民安置资金拨付、使用和管理的政策法规贯彻执行情况；移民安置年度计划执行情况；移民安置资金拨付及到位情况；移民安置资金管理情况，主要包括移民安置标准和补偿补助标准执行情况，移民个人财产补偿费兑付情况，农村土地补偿费和安置补助费、居民点迁建费、专项设施迁建费、基本预备费等使用管理情况；移民安置资金使用效果，主要是移民搬迁安置进度和移民生产生活安置情况；移民安置资金财务管理和内部控制制度建设情况；其他及移民安置资金管理的有关情况等。

2）专项检查

专项检查的主要内容是指导和规范移民资金使用管理、检查移民资金的管理情况、检查移民安置协议履约情况等。

3）审计

审计的重点在移民安置地政府管理使用资金，即移民的生产安置费，基础设施费，耕地的调整、移民房屋的购建等实物量。在移民资金审计工作中，一般采取以下三种方法：

（1）详查与抽查相结合的审计方法。移民管理部门把移民生产、生活安置资金拨到了接收安置移民的乡镇，其财务大多实行村组资金乡镇统一核算的管理模式。因此，乡镇是审计的重点，一般详查，认真审查每笔业务事项的原始凭证，看是否真实、合规，银行存款是否真实存在。特别要对集体掌握使用的基础设施建设项目支出要重点审查，看是否存在乡镇擅自调节使用移民资金的情况，即将来接收安置移民的村社使用移民基础设施费修路、建桥等情况。同时，对重点建设项目，划拨给移民的耕园地等实物量，一般现场实地抽查。

（2）审计与审计调查相结合的方法。移民安置资金审计，涉及面广，工作量大，因此在重点审计的同时，要采取大量的审计调查方法，了解移民户在生产、生活安置方面的情况。一般采用问卷调查和入户调查相结合的方式。

（3）财务审计与工程审价相结合的审计方法。移民安置资金，大部分支出都与工程建设项目有关，特别是基础设施费支出资金。因此，在审计中既要坚持按计划执行、按财务收支审计，又要突出对移民建房、道路、桥涵等工程项目的造价审计。在工程项目审计中要注意两个方面的问题：一是对基础设施项目工程量的审计。要严格与《基础设施工程实施方案》的内容核对，有无虚报、多报工程量套取资金的问题。例如，对村社修人行便道、机耕道、水电设施到户的工程项目审计，审计人员要采取现场丈量与工程决算核对的审计方法。二是对建设项目内容的审计。主要是防止在建设内容上弄虚作假，不按各地批准的移民项目建设方案实施，重点放在占用移民征用土地，将原修建的机耕道和部分桥梁、涵洞工程费用，原修建的机耕道维护费用列入移民基础设施费开支等。

4）第三方监督评估

移民综合监理单位主要对移民资金的拨付情况、使用情况、移民资金计划与执行情况、移民资金使用管理制度的建立健全情况等方面进行全过程监督指导。

移民独立评估机构主要是对移民资金的机构设置情况、运行情况、移民资金使用效果、各类移民补偿资金的公示情况等进行较为全面的监测评估。

移民资金管理得是否得当与移民有着直接的关系,为此,让移民参与到水利水电工程移民资金管理和监督当中,为自身的利益出力,是移民资金检查监督的最有效的措施。随着移民自我意识的增加,自身素质的提高,只要进行正确引导,提高激励程度,找到一种合理的方式,移民群体就可以主动参与监督。在目前我国的情况下,移民可以通过监督政府和业主行为,实施检查监督,有以下几种渠道:

(1)传统媒体渠道。

新闻媒体在社会生活中,无论是政治领域还是其他的领域都有着重要的作用。具体说来,报纸、杂志、广播、电视等传统新闻媒体具有连接政府和公众的纽带,承担着大众传播的职能,同时具有搜集并传达民意,充分表达民众的利益诉求的功能。媒体在信息传播上具有及时性、广泛性、公开性、直接性和多元性等特征,使得它在利益表达中的作用凸显。一是增加版面、增加时间来加强对移民弱势群体的报道,同时亦要让移民弱势群体成为新闻报道的主要角色;二是建立移民弱势群体的信息和交流平台,如开设相关的热线和相关的话题讨论专版等;三是关注移民弱势群体为何会产生这样的生活状态,可以从制度性的层面、经济结构的层面、社会结构的层面来挖掘新闻背后的新闻,实现对移民弱势群体的深度报道。

(2)信访制度渠道。

信访是一项重要的公民民主权利,它是维护和实现民主权利和公民利益的重要手段,为公民的政治参与和利益表达活动提供了一条重要的制度性渠道。我国水利水电工程移民资金的管理部门、责任主体繁多,对于移民而言,信访这项权利的实现也是困难的。因此,建议建立专门的移民监督渠道,设立水利水电工程移民监督部门,独立于政府及业主,设立专门针对移民的信访机构,为移民监督政府业主行为,为移民争取自身利益,提供便利。

(3)网络渠道。

网络媒体,作为一种新兴传媒形态迅速崛起,经过二十余年的发展,现已成为继报纸、广播和电视等传统媒体之后的又一重要媒体形态,并日益成为大众主流媒体,不断渗入人们的社会生活及意识形态领域。网络媒体具有海量性、兼容性、开放性、交互性和即时性,这些特性为移民的监督提供了更好、更加有效的平台。同时,一些地方人民政府及其官员,为了进一步服务于人民大众,采用了网络媒体,借助于网络改进其服务质量。因此,网络在移民和政府之间建立了一个新的平台,在这个平台上,可以更加快捷、及时地反映、解决移民资金管理和监督中存在的问题。

3.5.1.4　预备费的使用与管理

抽水蓄能电站工程移民预备费的使用与管理在移民实施实践工作中往往由于项目法人和地方人民政府的出发点和落脚点差异,存在较大争议,甚至出现影响双方和谐关系的主要因素,因此用好、处理好预备费的使用和管理的关系尤为重要。

1.预备费的内容

移民安置预备费包括基本预备费和价差预备费。

(1)基本预备费(也称综合性基本预备费),是指在建设征地移民安置设计及补偿费用概(估)算内难以预料的项目费用。费用内容包括:设计范围内的设计变更、局部社会经济条件变化等增加的费用;一般自然灾害造成的损失和预防自然灾害所采取的措施费用;建设期间内材料、设备价格和人工费、其他各种费用标准等不显著变化的费用。

(2)价差预备费,是指建设项目在建设期间内由于材料、设备价格和人工费、其他各种费用标准等变化引起工程造价显著变化的预测预留费用。费用内容包括:人工、设备、材料、施工机械的价差费,建筑安装工程费及工程建设其他费用调整,利率、汇率调整等增加的费用。

2. 基本预备费使用原则

(1)基本预备费主要用于解决初步设计阶段征地移民安置规划设计中未能预见而又必须解决的问题,基本预备费经移民主管部门批准后,专款专用,专项监督检查。在实践中往往经移民议事机构或者签订移民安置协议的地方人民政府批准。

(2)基本预备费属于工程建设征地移民安置概算费用的一部分,应全部用于工程征地移民项目。

(3)移民安置工程项目实施招标投标有投资结余的,其结余投资一般优先用于项目内变更所需增加投资,不足部分可申请使用基本预备费。

3. 基本预备费使用管理

需申请使用基本预备费的,一般由项目实施管理责任单位提出方案,经移民综合设代机构签署意见、移民综合监理机构审核,报项目法人审查,按基本预备费管理规定申报批复使用,列入移民资金年度计划管理。项目批准后,列入年度计划的预备费项目计划,年度预备费项目计划为动态资金计划。

列入年度计划的预备费项目,必须专款专用,专项监督检查。

基本预备费使用的申请报告要包括申请使用原因、使用资金计算依据等内容。实践中,部分项目的预备费按照征地移民任务分配额度,并考虑特殊因素做适当调整。

3.5.2　移民资金使用管理实践特点与分析

3.5.2.1　移民资金使用管理的特点

征地与移民资金管理工作涉及移民的切身利益,是移民安置管理工作的一项重要内容。河南省移民办公室高度重视征地迁安资金的管理,依据国家有关移民资金管理的具体要求,发布了《关于黄河下游近期防洪工程征迁安置资金管理有关事项的通知》(豫移资〔2012〕21号),明确要求黄河下游近期防洪工程征迁安置资金执行《河南省在建水利工程移民资金财务管理办法》(暂行)和《河南省在建水利工程移民资金会计核算办法》(暂行)。在此基础上,指导各级征迁机构根据各自工作实际,建立健全各项管理制度及内部控制制度。各(省、市、县)征迁管理部门严格按照移民资金管理要求,相继制定了《濮阳市黄河防洪工程建设征迁安置资金支付办法》《范县黄河防洪工程建设征地与移民安置资金管理办法》等。在省、市、县征迁安置管理部门的共同努力下,形成了全省完善的资金管理制度体系,对规范黄河下游近期防洪工程征迁安置资金管理,确保资金规范使用,实现防洪工程征地迁安进度与资金使用相匹配,提高资金使用效益,实现征地迁安目标发挥了积极作用。

征迁安置资金实行省、市、县(市)三级征迁安置机构负责管理和核算,县(市)为基础会计核算单位,乡(镇)、村实行报账制度。各级征迁机构根据资金流向逐级建账,形成独立的征迁安置资金会计核算体系。通过河南省在建水利工程移民资金财务账表系统和河南省在建水利工程移民资金辅助管理系统两套软件对征迁资金进行管理核算,实现了征迁资金管理电算化,满足了投资完成情况的及时、准确、规范,提高移民资金管理工作水平。濮阳市征迁办制定了《濮阳市黄河防洪工程建设征迁安置资金支付办法》,濮阳、范县和台前县依据省移民会计核算办法统一管理、账单一致,设有报账专户进行核算,统一安装了会计核算软件,专款专户并由专人管理。市征迁办建立了资金管理台账,并根据各县征迁安置具体工作进度和工作计划,下达各县征迁资金计划。各县在移民征迁安置资金拨付时,个人补偿款均按照要求直接兑付到权属人银行卡账户。专项设施迁建补偿项目,按照行业管理包干由其行业主管部门进行了专项设施迁建并验收移交。

皂市水利枢纽工程移民资金实施管理过程中采用"一、二、三、四、五、六"管理模式,即"一条主线——资金走向""二个重点——资金支出管理、项目质量管理""三个关键——移民政策、统一核算、规范管理""四大目标——安全、节约、合法、有效""五项制度——公示制、视察制、监督制、公布制、审计制""六条措施——县级报账制、政府采购制、封闭运行制、集中支付制、招标投标制、责任追究制",其成功经验可供借鉴。

3.5.2.2 移民资金使用管理存在的问题

(1)工作机构没有建立健全,缺乏管理的专职人才。以某水库移民工作管理局为例,某县从 2006 年下半年开始实行水库移民直补政策,某水库移民局于 2008 年 12 月成立,2009 年 11 月人员才到位,这期间的移民直补资金由财政局代管。

(2)项目前期的工作没有落实到位,执行力度降低,造成水库移民资金各种问题的堆积,例如出现移民项目前期的可行性研究、设计文件不齐全,达不到规定的要求,对解决实际问题没有起到有效的作用。

(3)移民资金管理模式不合理、不规范。以某地水库移民资金的管理为例,最初的移民直补资金管理模式是自治区将资金下拨给县财政局,县财政局将资金下拨到乡镇财政所,移民小组到乡镇财政所报账。这样的资金管理模式导致移民局作为移民资金的管理主体却无法掌握移民资金的第一手资料,对资金的流向无法掌控,资金和管理严重背离。

(4)资金使用的审批方式过于形式化。资金的申请使用及审批方式主要是根据流程规定及相关文件的要求进行制定的,容易流于形式,却没有起到实际的作用,没有进行详细严格的审核,且没有进行实际情况的调查,缺乏资金使用的主要依据,同时也存在资金的滞留等问题。

(5)工程项目在进行过程中没有按照严格的计划进行,因为某些自然因素或是人为因素。同时并没有对产生的问题进行及时有效的解决,造成工程延迟或是开工缓慢、工人积极性不高等现象。

(6)移民项目验收不及时,财务管理薄弱等。

3.5.3　资金使用与管理经验及建议

(1)完善移民资金制度体系建设。

国家、各级省市人民政府先后颁布了一系列移民资金管理的法规、规章、办法等规章制度,既规范了移民资金的使用管理,又明确了管理监督责任,构筑起一个较为完整的政策法规制度体系,使移民资金管理的各个方面、各个环节基本上做到了有章可循。在具体实施与使用过程中,各县级应结合实际,制定具体的管理办法和措施,推动移民资金的规范化、科学化管理,确保移民资金安全运行。移民资金必须实行"专款专用、包干使用"的原则。有效解决移民资金在兑付过程中的漏洞,从而使移民资金管理步入制度化、规范化的管理轨道。

在资金使用方面,按照"量力而行、量入为出、合理分配"的原则,逐级编制计划。要实事求是,合理安排,统筹兼顾,力求平衡,留有余地,把好选项、论证关。做好移民资金年度计划的编制、上报、下达、执行、调整等工作,从两方面着手:一是要做好工作经费的计划管理工作。根据当年移民工作任务,对所需要的工作经费在年初下达工作经费计划指标,年中再根据情况进行工作经费计划调整。通过计划管理,减少工作经费的预拨程序,提高工作经费到位的及时性,确保移民工作任务的顺利推进。二是做好项目经费的计划管理工作。根据审定的投资概算,按照工程建设时间长短,安排好投资使用计划,控制好工程进度和资金拨付,确保资金按计划运行。

在会计核算方面,各级移民机构要内设专门的财务管理机构,配备专职财务人员,严格财务人员准入制度,持证上岗,实行会计、出纳分设。加强财务人员业务培训,提高财务人员的业务素质,保证移民资金正确的业务核算。对征地移民资金实行专户、专账管理、封闭运行、独立核算。各资金使用单位要加强协作,明确责任,规范管理。加强对各类票据的审核,不符合规定的票据,一律不得作为财务报销凭证。各项移民费用准确计入科目。支出必须取得真实、合法、有效、完整的原始凭证。从根本上确保移民资金的合理使用,保证会计核算的规范化。

构建综合补偿安置资金与专项补偿安置资金有机结合、功能互补、衔接配套的补偿安置资金体系,同时,应探索将水库移民与建设征地农民补偿安置资金与扶贫开发资金结合起来,增强各项补偿安置资金的互补性,充分发挥水库移民和建设征地农民补偿安置资金的协同作用。

(2)加强移民资金监督检查力度,增加透明度。

移民管理部门依据国家及有关地方人民政府和上级部门关于移民资金管理要求,在新时代抽水蓄能电站工程移民实施实践中,签订移民安置协议的地方人民政府多为县级人民政府,在移民资金使用和管理方面,得到上级政府和有关部门的监督和指导相对较少,而且水电工程的属性,在移民稽察和审计方面也覆盖相对较少,有关部门应注意加强移民资金管理制度建设、规范资金拨付流程、重视结余资金管理、强化移民资金监督检查与审计,实现各个管理环节的规范化,保证移民资金支出与相关任务完成相匹配,提高移民资金使用效率,保障移民资金使用的安全与规范。

(3)加强领导,提高管理队伍业务水平,加强业务指导和培训工作。

移民项目的实施工作任务非常繁重,为此需移民部门加强对业务人员、财务人员的力量配备,加大对业务、财务工作培训的力度,提高业务、财务人员的业务水平和责任意识。

(4)预备费的使用与管理。

经调研多个抽水蓄能电站工程移民预备费的使用管理,目前尚无较为统一的、规范的管理办法,有些电站的移民预备费使用随意性较强,在征地移民实施工作未结束就已使用完毕,有些电站的移民预备费在移民工作结束时,还有多数未动用。关于预备费的使用,建议项目法人和签订移民安置协议的地方人民政府在移民安置协议签订时就明确约定预备费的使用与管理,统一预备费属移民概算的组成部分,应全部用于征地移民工作的事项。属政策性调整的有关税费、补偿标准等变化的建议优先使用价差预备费;同时,在征地移民实施过程中实物指标常常发生一定的变化,工程施工方案优化涉及征地移民指标变化的现象也经常发生,因此建议移民安置协议约定一定比例的预备费,分别由项目法人和地方人民政府负责,剩余移民预备费仍由地方人民政府负责安排处理征地移民后期遗留问题处理。工程施工方案优化后增加的征地移民资金,由项目法人根据有关设计变更批复,使用预备费,征地移民实施过程发生变更引起使用预备费的,由地方人民政府负责审批使用预备费。

3.6　征地移民验收程序与管理

3.6.1　验收程序与管理依据及内容

3.6.1.1　验收依据与条件

大中型水利水电工程移民验收环节是政府部门征地与移民管理工作的重要组成部分,是检验移民安置过程是否符合相关规范和有关标准,检验移民安置目标是否实现的重要手段。国务院《大中型水利水电工程建设征地补偿和移民安置条例》(国务院令第 471号,国务院令第 638 号第一次修订,国务院令第 645 号第二次修订,国务院令第 679 号第三次修改)对大中型水利水电工程移民安置验收做了原则规定,移民安置达到阶段性目标和移民安置工作完毕后,省、自治区、直辖市人民政府或者国务院移民管理机构应当组织有关单位进行验收;移民安置未经验收或者验收不合格的,不得对大中型水利水电工程进行阶段性验收和竣工验收。为了为移民安置验收提供规范与标准,2014 年 12 月水利部以 2014 年第 73 号公告批准发布了《水利水电工程移民安置验收规程》(SL 682—2014)为水利行业标准,成为水利水电工程移民安置验收的直接规范与标准。

为加强抽水蓄能电站工程及其他水电工程的移民验收的管理、规范移民验收管理、促进工程顺利建设和发挥效益,国家能源局发布了《水电工程建设征地移民安置验收规程》(NB/T 35013—2013),于 2013 年 10 月 1 日实施。根据《水电工程建设征地移民安置验收规程》(NB/T 35013—2013)的有关要求,结合抽水蓄能电站工程征地移民安置验收的实践,本节主要总结归纳移民验收的主要依据和验收条件。

1. 验收的主要依据

(1)国家有关法律法规、相关行业有关技术标准,主要包括有关土地管理法、移民条例,以及国家能源局关于水电工程有关的移民规划设计、综合监理、独立评估、验收等方面规程、规范。

(2)省级人民政府有关政策规定,主要包括省级人民政府关于征地移民安置的有关管理办法、政府令,以及相关税费缴纳的办法、综合区片地价等规定。

(3)批准的建设征地移民安置规划设计文件及相关批复文件,主要包括批准的移民安置规划大纲、审核的移民安置规划及其专项设计文件、印发移民安置实施方案(规划)等。

(4)批准的建设征地移民安置规划调整、设计变更文件及相关批文,主要包括批准的移民安置规划调整报告或修订报告、设计变更文件及批复文件、相关征地移民安置实施过程的计划、资金等方面的相关批复文件等。

(5)签订的移民安置协议,包括地方人民政府与项目法人签订的移民安置协议、补充协议及地方人民政府与下级人民政府签订的移民安置协议等。

(6)审查批准的与阶段性验收对应的移民安置实施阶段工程截流、工程蓄水移民安置规划设计文件。

2.验收应具备的条件

1)阶段性验收

经过审查批准的与阶段性验收对应的移民安置实施阶段工程截流或者蓄水建设征地移民安置规划设计文件确定的建设征地移民安置任务已完成。主要包括:

(1)阶段性验收相应的建设征地移民安置范围和任务有设计变更的,应按照有关规定完成设计变更程序。

(2)移民安置房屋已建设,基本满足移民入住条件;安置新址区内道路、给水排水、供电等基础设施和学校、医院等公共设施具备使用功能,移民搬迁安置人口已全部搬出,移民就医和子女入学均已妥善解决,移民安置新址区对外交通具备通行能力。

(3)农村移民生产安置已经或者正在按规划实施。

(4)交通、电力、通信、广播电视、水利水电设施、防护工程等需要复建的移民工程项目建设,以及企事业单位、文物古迹、矿产资源等处理已满足阶段性建设任务需求。

(5)库底清理范围内的树木、林木清理、建(构)筑物拆除、卫生防疫等工作已完成。

(6)工程截流或者蓄水建设征地移民安置规划设计文件中明确的其他建设征地移民安置任务已完成。

对移民资金使用拨付、移民档案、移民后期扶持政策落实等方面的条件有:所需要的建设征地移民安置补偿费用已按计划拨付到位;移民安置实施工作档案建设和管理符合要求;已按规定和本阶段移民搬迁计划执行后期扶持政策;按规定提供了建设征地移民安置实施工作报告、项目法人建设征地移民安置工作报告、移民安置综合监理工作报告、移民安置独立评估工作报告、建设征地移民安置设计工作报告等。

建设征地移民安置实施工作报告、项目法人建设征地移民安置工作报告、移民安置综合监理工作报告均应有明确的可以进行建设征地移民安置阶段性验收的结论。

2)竣工验收

移民竣工验收的主要条件包括核准(审批)的建设征地移民安置规划中明确的建设征地移民安置任务全部完成。主要内容有:

(1)建设征地移民安置有设计变更的,应按照有关规定完成设计变更程序。

(2)移民安置房屋已基本建成,满足移民正常入住:新址区内道路、给水排水、供电等基础设施已建成并通过单项工程验收;学校、医院等公共设施已建成并通过单项工程验收;移民搬迁安置人口已完成全部搬迁,移民就医和子女入学均已妥善解决;移民安置新址对外交通、供电、供水项目已建成并通过单项工程验收。

(3)农村移民生产安置已按规划实施完成。农业生产安置的,土地分配已落实,土地整理工程已实施并通过单项工程验收,农村移民生产安置有关手续已办理完毕;其他生产安置的,按照规定已签订协议、兑付费用并办理相关手续。

(4)交通、电力、通信、广播电视、水利水电设施、防护工程等需要复建的移民工程项目已完成建设并通过单项工程验收。企事业单位、文物古迹、矿产资源等按规划进行了处理,并办理相应手续。

(5)征用土地复垦任务已完成,按照有关规定通过验收。

(6)建设征地移民安置规划中明确的其他建设征地移民安置任务已完成。

在移民资金使用拨付、移民档案、移民后期扶持政策落实等方面的条件有:移民补偿补助费用,城(集)镇及居民点基础设施和公共设施补偿费用,专业项目处理补偿费用全部兑付到位等;验收工作前,完成移民资金审计工作;经移民安置独立评估,移民安置目标已实现;移民工作档案和管理符合要求;已按规定执行移民后期扶持政策;按规定提供建设用地移民安置实施工作报告、项目法人建设地移民安置工作报告,移民安置综合监理工作报告、移民安置独立评估工作报告、征地移民安置设计工作报告等。

建设征地移民安置实施工作报告,项目法人建设征地移民安置工作报告,移民安置综合监理工作报告应有明确的可以进行建设征地移民安置竣工验收的结论,移民安置独立评估工作报告有明确的移民安置目标已实现的结论。

根据水电工程验收规程有关规定明确,新时代抽水蓄能电站工程移民验收属省级移民管理机构验收的情形,一般由省级移民管理机构安排移民验收工作。

各级移民管理机构经过机构改革后,省级移民管理机构一般设在水利部门,因此在抽水蓄能电站工程移民验收过程中,有关部门应充分学习和了解水利工程移民验收的有关条件,对比分析,结合工程项目的特点,制订验收方案,确保移民验收的合法合规和顺利通过。

结合水利工程的移民竣工验收的有关规范要求,水利工程移民验收的有关条件大致相同,不同之处主要在移民资金财务决算编制,资金使用管理情况通过政府审计,移民资金审计、稽察和工程阶段性移民安置验收提出的主要问题解决情况,工程建设区和枢纽区及移民安置区建设用地手续办理已完成等。建设用地手续办理作为水利工程移民竣工验收的条件之一,但根据有关要求,其手续办理情况不作为验收通过的必要条件。

建议抽水蓄能电站工程建设征地移民安置验收阶段的有关单位的工作报告可将工程建设区和枢纽区及移民安置区建设用地手续办理情况作为一项内容写进相关工作报告。

3.6.1.2　**移民验收内容**

大中型水利水电工程移民安置验收分移民安置阶段性验收和移民安置竣工验收,其中阶段性验收一般包括工程导(截)流阶段移民安置验收和工程蓄水阶段移民安置验收。移民安置验收工作应根据工程建设进度节点,按照导(截)流、蓄水阶段性验收和竣工验收的顺序组织开展。移民安置未经验收或者验收不合格的,不得对大中型水利水电工程进行阶段性验收和竣工验收。抽水蓄能电站工程阶段性移民安置验收和工程竣工移民安置验收根据需要,可按农村移民安置、城(集)镇迁建、工矿企业迁建或处理、专项设施迁建或复建、防护工程建设、水库库底清理、移民资金使用管理、移民档案管理、水库移民后期扶持政策落实情况、建设用地手续办理等类别进行分类验收。

1. 阶段性验收的主要内容

(1)农村移民安置规划实施情况,包括阶段性验收相应的移民居民点基础设施建设、文教卫等设施配置、移民安置房屋建设、居民点对外交通恢复、生产安置措施、人口搬迁及居住等实施情况。

(2)城(集)镇迁建实施情况,包括阶段性验收相应的城(集)镇新址基础设施建设、文教卫等公共设施配置、移民安置房屋建设、对外交通恢复、人口搬迁及居住等实施情况。

(3)专业项目处理实施情况,包括阶段性验收相应的交通、电力、通信、广播电视、水利水电设施、防护工程等移民工程项目的建设情况及功能恢复情况,企事业单位、文物古迹、矿产资源等处理实施情况。

(4)水库库底清理实施情况,包括阶段性验收相应的清理范围为建(构)筑物、林木、卫生等清理项目实施情况。

(5)结合阶段性建设征地移民安置任务,可对竣工验收的移民资金完成情况、档案建设情况、移民后期扶持政策执行、移民资金审计等方面适当简化内容。

2. 移民竣工验收的主要内容

(1)建设用地范围复核处理情况,包括枢纽工程建设区、水库淹没区、水库影响处理区处理情况,水库影响待观区变化情况等。

(2)实物指标落实情况,包括农村部分、城(集)镇部分、专业项目涉及的人口、房屋、土地等实物指标的分解、复核、公示确认、协议签订、实施情况,以及审定成果的变化情况等。

(3)农村移民安置规划实施完成情况,包括生产安置人口和搬迁安置人口数量,移民安置标准,生产安置方式、生产安置措施和土地资源配置落实,移民搬迁安置去向,移民居民点建设规模及标准、基础设施和公共设施建设及功能恢复情况,移民安置房建设,安置目标实现和移民生产生活恢复等实施情况。

(4)城(集)镇迁建规划实施完成情况,包括人口规模,移民搬迁安置去向,移民来源,城(集)镇迁建新址标准及规模、基础设施和公共设施建设及功能恢复情况,城(集)镇、居民点及单位房屋建设,移民生活水平恢复等实施情况。

(5)专业项目处理规划实施完成情况,包括交通、电力、通信、广播电视、水利水电设施、防护工程等移民工程项目的建设情况及功能恢复情况,企事业单位、文物古迹、矿产资源等处理实施情况。

(6)水库库底清理实施完成情况,包括建(构)筑物、林木等清理项目的实施情况。

(7)移民资金实施完成情况,包括移民补偿费用拨付情况,移民补偿补助兑付项目标准和费用、城(集)镇及居民点基础设施和公共设施费用、独立费用、预备费使用等实施情况。

(8)移民安置档案建设及管理情况,包括建设征地移民安置工作有关的文书档案,财务档案,工程技术资料档案,往来文件,移民分户档案,合同、协议,来信处理等档案建设情况。

（9）移民后期扶持开展情况，包括后期扶持规划编制和审批、水库移民后期扶持资金兑付、大中型水库库区基金使用等情况。

（10）移民资金审计情况和审计结果。

（11）移民安置规划调整、设计变更情况，包括移民安置规划调整，设计变更项目、内容、批准情况等。

（12）综合监理、独立评估工作情况，包括委托情况，开展的工作，履约情况，基本结论等。

3.6.1.3　验收组织与程序

抽水蓄能电站工程建设征地移民安置验收的组织与程序与其他水电工程基本相同，但与水利工程移民安置验收有所区别，但移民验收的组织基本形式均是按自下而上，自验、初验、终验的顺序组织进行。根据有关水电工程和水利工程的验收有关规定，本节主要介绍新时代抽水蓄能电站工程征地移民安置验收的常规组织与程序。

1. 验收组织

移民安置条例规定"移民安置达到阶段性目标和移民安置工作完毕后，省、自治区、直辖市人民政府或者国务院移民管理机构应当组织有关单位进行验收"。抽水蓄能电站工程征地移民安置验收前，项目法人会同与其签订移民安置协议的地方人民政府编制移民安置验收工作计划，移民安置验收工作计划内容主要包括移民安置验收的组织或主持单位、时间安排和验收依据、范围、内容、程序、方法、标准等。移民安置验收工作计划报移民安置验收主持单位备案。移民安置验收工作计划应对移民安置自验和初验工作作出安排，对移民安置终验提出建议。

抽水蓄能电站工程建设征地移民安置验收工作一般由省级移民管理机构组织。验收前，各级验收应成立验收委员会，并设主任委员单位和副主任委员单位。终验主任委员单位由省级人民政府规定的移民管理机构担任，副主任委员单位由省级投资或者能源主管部门、市级人民政府和计划单列企业集团（或中央管理企业）等单位担任，可视实际情况由主任委员单位决定增减。验收委员会其他成员单位由正、副主任委员单位根据工作需要确定，主任委员单位负责开展验收工作。

建设征地移民安置验收委员会宜成立专家组，开展验收的技术检查与评价工作，召开验收技术会议，提出经专家组成员签字的专家组验收意见。成立专家组的，专家组组长应为验收委员会成员。专家组验收意见作为验收委员会开展验收工作的基本依据，专家组验收意见明确不具备验收条件的，验收委员会不得通过验收。

县级自验由承担征迁安置任务的县级人民政府主持，县级移民管理机构负责组织实施，市级移民机构负责监督，县级人民政府有关部门（含县级移民实施管理机构）、乡镇人民政府、现场建设管理单位、移民综合设计单位、移民综合监理单位、独立评估单位等相关单位代表和有关专家参加，共同组成县级自验验收委员会，必要时成立验收专家组。验收委员会主任委员由县级人民政府代表担任。市下属只有一个县的，市级初验与县级自验可合并进行。

市级初验由承担移民安置任务的市级人民政府主持，市级移民机构负责组织实施，省级移民管理机构负责监督，市级人民政府有关部门（含市级移民机构）、县级人民政府及移民机构、现场建设管理单位、移民设代机构、移民综合监理单位、独立评估单位等相关单位代表和特邀专家参加,共同组成市级初验验收委员会,一般成立专家组。验收委员会主任委员由市级人民政府代表担任。

移民终验由省级移民管理机构主持并负责组织实施,有关政府部门、项目法人参与,市、县人民政府及其移民机构、移民设计单位、移民综合监理单位、独立评估单位等相关单位代表和专家参加,共同组成省级终验验收委员会,成立专家组。验收委员会主任委员由省级移民办代表担任。

2. 验收程序

经过调研抽水蓄能电站工程移民验收过程,阶段性验收和竣工验收的程序基本相似,仅验收的内容和标准有所不同。因绝大多数抽水蓄能电站工程移民涉及一个县市,一般初验和自验合并进行。

1) 市级、县级的初验、自验程序

(1) 成立初(自)验验收委员会。

(2) 验收分组:一般设立农村移民安置组、专业项目组、计划执行与资金组、档案组等验收专业工作组,根据需要可成立验收专家组,可适当调整。

(3) 听取县级移民机构征地移民安置实施工作报告、移民规划设计工作报告、移民综合监理工作报告及移民独立评估工作报告。

(4) 现场全面检查移民安置实施情况。

(5) 各专业工作组和专家组查阅有关资料、质询、讨论,形成专业工作组和专家组意见。

(6) 验收委员会听取各验收专业工作组和验收专家组的意见,讨论并通过初验(自验)报告。

(7) 县级人民政府印发初(自)验报告,并上报市级人民政府,抄送省、市移民机构及项目法人等。

2) 省级终验验收程序

(1) 成立终验验收委员会。

(2) 一般设立农村征迁安置组、专业项目组、计划执行与资金组、档案组等验收专业工作组,根据验收工作的内容和需要可适当调整。

(3) 听取移民管理机构移民安置实施工作报告及初(自)验验收情况工作报告、移民设计工作报告、移民综合监理工作报告及移民独立评估工作报告。

(4) 现场检查、抽查征地移民安置实施情况。

(5) 各专业工作组和验收专家组查阅有关资料、质询、讨论,形成专业工作组和专家组意见。

(6) 验收委员会听取各验收专业工作组和专家组的意见,讨论并通过省级终验报告。

(7) 省级移民管理机构印发省级终验报告,并抄送项目法人、市(县)人民政府及移民机构、设计、监理、独立评估等移民项目参加单位。

3.6.1.4　验收方法与步骤

抽水蓄能电站工程征地移民安置验收的各级验收的项目类别基本相同,但是验收检查的比例根据验收层级的变化不断降低,但要保持一定的比例。本节简要介绍移民各级验收检查的方法和步骤。

1. 移民安置自验

移民安置自验应在单项工程竣工验收和移民安置工作全面自查的基础上,对农村移民安置、城(集)镇迁建、工矿企业迁建或者处理、专项设施迁建或者复建、防护工程建设、水库库底清理、移民资金使用管理、移民档案管理、水库移民后期扶持政策落实情况、建设用地手续办理等类别,逐户、逐项全面检查验收。

2. 移民安置初验

移民安置初验是对自验成果进行抽样检查,抽样可采取随机抽样和偏好抽样,并按下列规定进行:

(1)农村移民安置。移民乡(镇)抽查比例不低于80%,集中安置点抽查比例不低于40%,移民户抽查比例不低于10%。

(2)城(集)镇迁建。涉及城(集)镇全部检查,城(集)镇基础设施和公共服务设施项目抽查比例不低于20%,居民户抽查比例不低于10%,企事业单位抽查比例不低于20%。

(3)工矿企业迁建或者处理。迁建工矿企业抽查比例、破产关闭工矿企业抽查比例均不低于50%。

(4)专项设施迁建或者复建。各类别专项设施抽查比例不低于50%。

(5)防护工程项目全部检查。

(6)水库库底清理。库底清理项目数量抽查比例不低于30%,特殊清理项目全部检查,对重点卫生清理项目必要进行现场检测。

(7)移民资金使用管理。涉及县全部检查,乡镇抽查比例不低于30%,各类别移民项目抽查比例不低于5%,进行账账核对和账实核对。

(8)移民档案管理。各类别档案卷数抽查比例不低于5%。

3. 移民安置终验

移民安置终验是对初验成果进行抽样检查,抽样可采取随机抽样和偏好抽样。终验抽查的移民户(项目)与初验抽查的移民户(项目)重叠率不超过70%,并按下列规定进行:

(1)农村移民安置。移民乡镇抽查比例不低于40%,集中安置点抽查比例不低于20%,移民户抽查比例不低于5%。

(2)城(集)镇迁建。涉及城(集)镇全部检查,城(集)镇基础设施和公共服务设施项目抽查比例不低于10%,居民户抽查比例不低于5%,企事业单位抽查比例不低于10%。

(3)工矿企业迁建或者处理。迁建工矿企业抽查比例不低于30%,破产关闭工矿企业抽查比例不低于30%。

(4)专项设施迁建或者复建。各类别专项设施抽查比例不低于20%。

(5)防护工程项目全部检查。

(6)水库库底清理。库底清理项目数量抽查比例不低于20%,特殊清理项目全部检查,对重点卫生清理项目必须进行现场检测。

（7）移民资金使用管理。涉及县全部检查,乡镇抽查比例不低于20%,各类别移民项目抽查比例不低于5%,进行账账核对和账实核对。

（8）移民档案管理。各类档案卷数抽查比例不低于5%。

水利水电工程移民验收和水电工程移民验收差异见表3-8。

表 3-8　水利水电(水电)工程建设征地移民验收差异

项目	水利水电工程	水电工程
归口管理	水利部	国家能源局
主要规划设计依据	《水利水电工程移民安置验收规程》（SL 682—2014）	《水电工程建设征地处理范围界定规范》（NB/T 10338—2019）
组织程序	自验:由移民区和移民安置区县级人民政府组织实施; 初验:由地市级人民政府会同项目法人组织实施,如果移民安置工作仅涉及一个县级行政区域的,移民安置初验可与自验合并进行; 终验:县、市、省级人民政府组织实施	省级人民政府组织成立验收委员会实施; 与项目法人签订移民安置协议的地方人民政府,或者县级人民政府逐级向省级人民政府提出建设征地移民安置验收请示。与省级人民政府或者其规定的移民管理机构签订移民安置协议的,可由省级移民管理机构向省级人民政府提出验收请示
验收阶段	工程阶段性[截(导)流、蓄水]移民安置验收; 工程竣工移民安置验收	工程截流、蓄水建设征地移民安置阶段性验收; 建设征地移民安置竣工验收
验收内容与标准	(1)农村移民安置验收; (2)城(集)镇迁建验收; (3)工矿企业迁建或者处理验收; (4)专业设施迁建或者复建验收; (5)水库库底清理验收; (6)移民资金使用管理验收; (7)移民档案管理验收; (8)防护工程验收; (9)水库移民后期扶持政策落实情况验收; (10)建设用地手续办理验收; (11)其他	(1)建设征地范围复核处理情况; (2)实物指标落实情况; (3)农村移民安置规划实施完成情况; (4)城(集)镇迁建规划实施完成情况; (5)专业项目处理规划实施完成情况; (6)水库库底清理实施完成情况; (7)移民资金实施完成情况; (8)移民安置档案建设及管理情况; (9)移民后期扶持开展情况; (10)移民资金审计情况和审计结果; (11)移民安置规划调整、设计变更情况; (12)综合监理、独立评估工作情况; (13)其他需要说明的情况

3.6.2 验收程序与管理实践特点及分析

3.6.2.1 移民安置验收缺少科学合理的评价标准

根据现行移民安置验收相关规定,移民安置验收内容包括农村移民安置、城(集)镇迁建、工矿企业迁建或处理、专项设施迁建或复建、防护工程建设、库底清理、移民资金使用管理、移民档案管理和移民后期扶持政策落实等方面。移民安置验收评定分为"合格"和"不合格"两个等级,只有各个方面均达到合格标准,验收评定才为合格。但是,各项验收内容却没有具体的、定量的评价标准,实际操作中只能进行定性评价,而定性评价的弹性相对较大,对一些有争议的问题,无法像工程验收那样有明确的验收意见,最终虽然取得"合格"的验收评定,但是验收结果可能与实际情况有所偏差,其后果就是在移民安置工作上存在遗留问题。

3.6.2.2 地方人民政府对移民安置验收把关不严

移民安置验收是大中型水利水电工程验收的前置条件,只有移民安置验收合格才能进行工程验收。由于大中型水利水电工程投资规模大、工程效益突出、地方政绩明显,地方人民政府和项目业主都有加快推进工程建设的需求,按上述规定,其必须尽快开展并通过移民安置验收。但是,移民安置比工程建设复杂得多,其进度往往很难控制,其结果也未必能使移民都满意。在移民安置过程中,部分地方人民政府仍有"重工程、轻移民"的错误思想,为了片面追求工程建设进度,对移民安置验收把关不严,有的工程在验收条件不满足的情况下就开展了移民安置验收,如蓄水阶段移民安置房还没有建设完成,移民还没有搬迁入住;某些移民安置遗留问题一直未解决,从导(截)流验收一直拖到蓄水验收等情况。移民安置验收是保障移民合法权益的重要措施,移民安置验收把关不严,实际上就是对未完成或不合格的移民安置工作开"绿灯",某种程度上可能损害到移民群众的合法权益,存在较大的移民安置风险。

3.6.2.3 导(截)流阶段分期开展移民安置验收

根据水利水电工程建设的特点,工程建设需充分利用非汛期抓紧进行,这就要求协调好移民安置与工程建设的关系,尽可能在非汛期完成江河截流。但是,相当一部分工程的移民安置进度滞后于工程建设进度,导(截)流前无法完成导(截)流淹没范围内的移民安置任务。为了加快工程建设进程,经多方协调,在地方人民政府编制汛期移民应急搬迁安置实施方案和度汛方案,做出导(截)流后移民应急搬迁安置的承诺后,分非汛期、汛期两次组织开展导(截)流阶段的移民安置验收。此种做法看似可行,但其本质仍是"重工程、轻移民"的错误行为,没有遵循以人为本的原则,汛期水位淹没线下移民群众的生命财产在相当长的一段时间内没有任何保障,一旦发生小频率的特大洪水,很有可能造成重大损失。

3.6.2.4 移民安置竣工验收工作进度滞后

为了水利水电工程尽快发挥效益,地方人民政府和项目法人普遍都非常重视蓄水阶段的移民安置验收,愿意花费人力、物力和财力去面对蓄水阶段必须解决的移民安置问题,尽快将水蓄到经济效益最高的水位。但是,移民安置竣工验收工作进度一般都比较滞后。因为一旦完成蓄水,产生了工程效益,项目法人开展移民安置竣工验收的主观意愿就不是这么强了。同时,移民安置实施情况相比移民规划变化较大也是制约移民安置竣工验收进度的另一项因素。经初步统计,《移民条例》实施后,全国已完成工程竣工移民安置验收的水利水电工程仅占很小一部分比例,且蓄水验收到竣工验收历时较长,如右江百色水利枢纽工程于2005年8月底下闸蓄水,历时10年,到2016年底才完成移民安置竣工验收。移民安置竣工验收是移民安置工作的收口环节,是保障移民合法权益的重要措施,迟迟不开展移民安置竣工验收会给整个移民安置工作带来一定的隐患。

3.6.3　验收程序与管理经验及建议

3.6.3.1　建立科学合理的移民安置验收评价指标体系

虽然我国移民安置验收制度已经基本确立,但是规范化的移民安置验收工作尚处于起步阶段,与移民安置验收的需求和着力点还存在一定的差距。为了保障移民安置验收质量,可以借鉴工程验收的相关经验,探索建立科学合理的移民安置验收评价指标体系,使移民安置验收评价具有系统性、科学性和可操作性,并进一步加强移民安置验收报告的标准化建设,制定参建各方适用的移民安置验收报告编制规程,确保验收工作的科学性和准确性。

3.6.3.2　统一移民安置验收标准、适当简化移民安置验收程序

建议统一水利、水电工程移民安置验收的标准、内容和程序,进一步规范水利水电工程移民安置验收工作。同时,对淹没影响范围小、影响实物少、不涉及重要专业项目的大中型水利水电工程,简化导(截)流阶段移民安置验收程序,直接由省级人民政府组织开展移民安置终验工作。

3.6.3.3　加强移民安置验收管理

建议省级移民管理机构进一步加强移民安置验收管理,在《移民条例》和水利水电行业移民安置验收规程相关规定的基础上,制定适合本区域实际情况的验收管理制度,严格对大中型水利水电工程移民安置验收的条件进行把关,对不具备移民安置验收条件的,不进行移民安置验收;对移民安置未验收或验收不合格的,坚决不开展相应阶段的工程验收,不得截断河流或下闸蓄水。同时,针对竣工验收进度滞后的问题,建立由省级部门协同合作的竣工验收保障机制,对不开展或不按计划开展移民安置竣工验收的,经省级移民主管部门协调未果后,采取省级投资或能源主管部门下调上网电价,或省级水利主管部门控制运行水位等措施,以督促地方人民政府、项目法人积极开展移民安置竣工验收。

3.6.3.4　施行一站一策的阶段性移民安置验收的建议

如前所述,目前水利水电工程移民安置均严格执行三个阶段验收,即枢纽工程导(截)流阶段、下闸蓄水(含分期蓄水)阶段、工程竣工阶段移民安置验收。而在抽水蓄能电站征地移民安置验收实践过程中发现,与其他水利水电工程不同,抽水蓄能电站征地移民安置具有对主体建设的影响程度小、筹建阶段的周期长(一般18~24个月)、上下水库所需库容相对较小、征地移民规模小等特点,大部分抽水蓄能电站的筹建与主体工程截流前建设阶段,可以充分完成规范要求的第二个阶段"蓄水阶段移民安置验收要求"的全部内容,常表现为主体工程截流前,大部分抽水蓄能电站移民安置工作已具备截流阶段与蓄水验收条件,可将截流与蓄水阶段移民安置验收合并执行,不仅可以缩减验收周期,还可

节约验收资金的二次投入,社会效益与经济效益显著。

如洛宁抽水蓄能电站就是在启动征地移民安置工作以来,在工程截流前即完成了蓄水阶段移民安置验收的全部内容,在探索截流与蓄水阶段移民安置合并验收方面做出了先行先试的典范,直接节约各项支出达 50 万元以上。因此,建议从国家层面,在规程、规范或有关条例中,明确建立水利水电工程的阶段性移民安置验收,根据工程特点可施行一站一策的政策,在相关设计规范或管理办法中明确将移民安置的阶段性验收节点纳入《移民安置规划大纲》和《移民安置规划报告》的进度计划,作为重要的节点进行控制。

3.6.3.5　创新移民安置验收机制,落实移民安置验收要求

创新移民安置验收机制包括创新验收组织方式和创新验收质量控制方式。

摸索"项目管理式"验收方法,以移民安置验收程序为载体,按照验收、技术、检查的工作特点,优势互补,调整移民安置验收中的监督检查范围和重点,明确检查方式和量化要求,强化移民安置全过程质量监督。对检查发现的问题进行分类汇总,督促相关人员及时整改,严格执行移民安置验收技术要求,保证移民安置验收规程的落实。

针对移民安置验收的特点,在验收质量检查、程序控制方式上进行创新。注重在移民安置验收过程中采用多方提供的资料进行对比分析。以分析掌握的验收情况制订切实可行验收计划相结合,作为验收监督重点。在验收过程进行有针对性的检查,督促地方人民政府和项目法人积极落实移民安置验收要求,确保提出的验收意见及时处理。

3.7　技术服务机构工作与管理

3.7.1　技术服务机构设置与管理工作内容

3.7.1.1　移民综合设代工作与管理

移民综合设代是指在移民实施阶段,移民安置主体设计单位,依据批准的移民安置规划,负责设计交底、技术归口、咨询服务、现场问题处理、项目规划调整和设计变更处理;工程阶段性验收(截流、蓄水、竣工)相关技术报告编制和参与移民配套工程项目验收等工作的现场性技术服务,是保障移民安置和移民配套工程项目顺利建设的必备条件之一,在实施过程中作用无可替代。

1.移民综合设代的主要工作内容

移民综合设代应在充分了解项目真实需求和各方利益倾向前提下,做好现场沟通协调和技术服务工作,从而保障移民安置和配套工程项目建设的顺利实施,同时应加强管理,不断提升技术服务水平。

移民综合设代的工作总体任务是开展建设征地和移民安置综合设计工作,派驻综合设计代表为建设征地移民安置工作提供现场技术服务,内容包括配合编制年度计划、设计交底、现场问题处理、设计变更处理、参与单项移民工程规划设计审查和实施过程中的检查与验收等。主要包括:

(1)设计交底。负责项目有关移民安置的技术问题进行交底和参与移民干部技术培训。包括就审定的移民安置规划报告中实物指标的调查方法、原始调查资料、调查资料的

分级整理汇总成果;生产安置人口和搬迁人口的计算原则、方法和分级汇总成果;移民安置规划方案的思路和意图、安置区及安置点选择的有关情况、各专业项目复(改)建方案和重大技术指标的有关情况、移民搬迁进度安排、补偿标准等向有关方面加以说明,并就移民部门和地方人民政府提出的与此有关的问题进行答疑。

（2）技术支持。负责在实施移民补偿、移民搬迁移民安置过程中遇到政策问题、技术问题时为地方人民政府及时提供有效的技术支持。

（3）规划设计资料供应。向实施主体提供移民安置规划设计成果。配合政府进行移民分户建卡。对移民安置补偿投资按项目、户或单位及进度进行分解。

（4）设计变更。参与由移民综合监理组织的有关设计变更的立项论证,根据可行性报告审查意见的要求,从移民综合设代角度提出意见。

（5）验收。参与单项移民工程设计的咨询、审查,依据现行规程、规范和审定的规划报告对各单项移民工程的规划设计方案、规模和标准进行把关,参与单项移民工程建设过程中的质量检查和验收。

（6）技术协调。配合移民安置监督评估单位的工作。参加移民实施单位、监理工程师组织的有关技术及计划等会议,配合研究移民实施中的技术问题。

（7）提供设代文件。根据移民实施及综合设代进程和需要,定期向移民实施方、业主提交建设征地移民安置设计文书、综合设代简报(含月报)、年报、移民综合设代备忘录等规范性档案文件。

（8）编制水电工程竣工(截流、蓄水)验收建设征地移民安置设计工作报告并参加各阶段移民验收。

2. 移民综合设代的管理

从管理层面,管理工作核心在于处理好"管什么"和"如何管"两方面的问题。根据调研多个抽水蓄能电站工程移民综合设代的委托和管理情况,因征地移民实施工作的主体是地方人民政府,因此实行较多的是由项目法人在签订移民安置协议时约定由地方人民政府负责,由地方人民政府负责组织招标、委托以及工作过程中的相关管理工作。以下从稳定机构人员、宏观把握追踪、严格制度/流程、慎重处理变更几个方面提升移民综合设计(设代)管理水平进行初步探索。

1）保障稳定的机构和人员

稳定的组织机构和人员配置是保障实施阶段综合设计(设代)工作的基础,机构不稳定和现场骨干人员的流动必定影响现场工作开展。

针对大型水电水利工程项目,应专门成立移民项目部,参照工程项目管理体制配置项目经理、设总各 1 名。相关重点专业配置副设总若干,并在现场建立移民综合设计(设代)工作场所,按照项目需求和综合设计(设代)工作需要,配置固定的业务骨干和安全人员。

2）宏观把握结合追踪落实

在项目开展实施前,应结合电站建设需求,现场实际情况和各方意见,重点针对移民分期分批安置要求和配套工程项目(居民点、集镇、专项等) 建设工期、建设时序、施工逻辑关系,专项建设有无交叉影响等问题进行宏观把握和综合评判。对移民安置任务、项目建设任务、资金来源分配进行逐年分解落实。在实施过程中,应依据分解落实的工作计划对实际工作进行追踪检查,对于未按计划执行或突发项目,应告知各方并组织研究,及时纠正处理。

3)规范流程管理

应结合现场综合设计(设代)相关管理办法和规定要求,编制设代管理办法,建立设代日志制度、设计变更处理制度、定期协调会议制度、文件档案管理制度、安全管理制度、设备管理制度、廉政管理制度等多项制度,并结合现场工作内容和特点,制定了移民综合设计(设代)的主要工作流程,主要包括综合设计、技术交底、设计通知、变更处理、现场服务、检查验收、档案保管等方面内容,以确保现场设计(设代)服务的标准及时、准确、有效。

4)严谨处理移民变更

首先应由实施主体提出变更的必要性和投资变化情况,然后充分发挥移民综合设代和综合监理现场作用,对变更的合理性和必要性进行鉴定分析并签署意见,同时对变更开展定性工作(重大或一般)后,重大变更按照变更程序要求逐级上报并重新完善审批程序,一般性变更经论证后报送省级移民主管部门审批后实施。

3. 移民综合设代服务人员配置与服务付款节点

研究组调研多个抽水蓄能电站工程移民综合设代的服务人员配置情况,派驻满足工作需要的设代人员一般为 2~4 人。设代人员一般在合同生效后的两周内,派出设代人员进驻项目现场。服务的周期一般是征地移民实施前,至征地移民安置工作基本结束。后期因主要征地移民实施工作高峰期已过,移民综合设代机构一般不再采用驻场方式。在移民各阶段验收时,综合设代服务工作因涉及设计变更、调整报告编制等工作内容,其工作进入第二个高峰。

经过调研抽水蓄能电站工程移民综合设代机构,征地移民综合设代的服务付款节点控制不一,部分项目付款与综合设代服务投入存在不匹配现象,经过梳理,一般较为合理的付款节点控制建议如下:

(1)合同签订后约定付款合同额的 10% 左右,主要是移民综合设代机构驻场费用。

(2)完成建设征地和移民安置实施总体计划及实施方案的编制后,约定付款为合同额的 20% 左右。

(3)完成电站征地、移民搬迁安置、生产安置等建设征地移民安置工作后,占合同额的 30% 左右。

(4)完成工程蓄水阶段建设征地移民安置专项验收,占合同额的 20% 左右。

(5)移民综合设代工作完成后,移民竣工验收完成,占合同额的 10% 左右。

3.7.1.2　移民监理工作与管理

根据《移民条例》的有关规定,国家对移民安置实行全过程监督评估。签订移民安置协议的地方人民政府和项目法人应当采取招标的方式,共同委托有移民安置监督评估专业技术能力的单位对移民搬迁进度、移民安置质量、移民资金的拨付和使用情况及移民生活水平的恢复情况进行监督评估;被委托方应当将监督评估的情况及时向委托方报告。

移民监理是指由独立的第三方社会移民监督单位,经调研抽水蓄能电站工程移民项目移民综合监理服务一般受项目法人的委托,对移民安置工作的质量、投资、进度和效果等进行全面的监督和控制。

1. 移民综合监理的主要工作内容

为保证抽水蓄能电站工程建设征地补偿和移民安置综合移民监理服务的技术水平和质量,一般根据项目具体工作内容,结合项目监理合同和监理工作目标、任务,新时代抽水蓄能电站工程建设征地移民安置的特点,移民监理项目部一般采取直线制监理组织形式。实行总监理工程师负责制,下设副总监理工程师,在总监理工程师的授权下负责监理部的日常工作。

移民监理是一项技术密集型、难度大的技术咨询工作,监理人员的配备要多专业、高层次,并且具有多年的移民工作实践经验。各类监理人员必须具有专业实践经验,并经过移民安置监理培训。

移民综合监理的主要工作内容包括:移民安置进度控制、移民安置的质量控制、移民安置的投资控制、设计变更监督、移民安置的信息管理、移民安置的合同管理、移民安置中的监理协调、安全文明施工控制、档案资料管理等。

监理的进度控制:现场检查、核实移民实施单位完成的移民安置任务量。定期检查、计量和评价移民安置实施的进度,并向项目法人报告。审查实施单位移民实施规划和总体进度计划、年度计划的执行情况,对规划变更、进度变化要及时监测,并提出处理意见或建议,通报项目法人和上级有关部门。

监理的投资控制:检查移民实施单位的移民资金使用的去向、数量和效果,审查和确认移民资金的使用。督促检查移民资金的到位情况。协助项目法人或移民实施机构编制、修改资金使用计划。参与移民投资概算审查、调整,以及移民项目决算。

监理质量控制:检查、评价移民安置中工程建设的质量保证体系。检查、评价移民宣传、补偿、建房、划地和搬迁等安置活动的计划、组织、实施的适宜性。检查和评价移民实施机构的人员、设备和办公条件等机构实力。检查移民补偿及时性和充分性,检查和评价建房、划地的质量。参与移民规划的审查和安置的验收等。

移民综合监理的其他工作:管理与移民安置活动有关的合同,做好合同的保管、修订,以及合同的生效和终止工作。监理要在移民安置过程中建立完善的信息交流渠道,形成信息以书面形式交流的制度,做好移民安置活动的档案及监理本身档案的管理和整理工作。定期向项目法人提交监理报告。发挥监理的独立性、公正性,协调好项目法人和移民实施机构的关系,促进移民安置顺利进行。

2. 移民综合监理的进度控制

进度控制按照事前预警、事中控制、事后处理和综合平衡的原则进行进度控制。在移民搬迁和生活安置方面及补偿资金兑付等进度方面坚持客观公正、实事求是的原则进行监督控制。

进度控制内容包括对移民搬迁、生产生活安置、补偿资金兑付、专项设施迁建、库底清理等的移民实施完成情况综合进度进行控制,按照区域内的项目的完成情况进行统计数值、完成百分比及进度横道图方式表达。

移民安置工作或单项移民工程实际进度滞后的,移民监理机构以月报或发送监理联系单或通知的方式督促移民实施机构加快进度。对进度计划影响较轻的，现场座谈的方式直接督促加快进度；对计划进度实施影响严重的，向指挥部和移民实施单位发监理文件或召开监理会议要求其组织整改，并报告委托方。移民监理机构定期检查整改情况，对未能达到要求且严重影响的，报请上级移民管理部门或省级移民管理机构督办。

移民安置实施综合进度已发生或预测将发生不可避免的变化，且超计划时，移民监理将督促移民安置实施机构提出计划调整并申请报批，相应调整进度控制工作。

3. 移民综合监理的质量控制

按照质量第一、预防为主的原则进行质量控制，确保磐安抽水蓄能电站移民安置工作全部项目质量目标全面实现，提高项目的投资效益、社会效益和环境效益。

项目移民安置实施阶段对移民安置实施方案、实施标准、移民工作的合规性等移民安置实施综合质量进行控制。根据工程移民的特点，按照项目进行控制，分为对补偿补助兑付、农村移民安置、专项设施迁建、库底清理质量进行控制，质量控制可分为事前监督、事中监督和事后监督。

（1）事前监督。即对实施前的准备阶段进行的监督，是指在各移民安置工作对象正式实施活动开始前，对各项准备工作及影响质量的各因素和有关方面进行的质量监督，其内容主要包括：全面掌握规划设计精神和具体规划成果；建立质量监督系统；检查实施机构是否健全有力，质量保证体系是否健全；对实施机构的实施计划、实施方案进行审查；参与设计交底。

（2）事中监督。即移民安置实施过程中进行的所有与移民安置有关的项目过程的质量监督，也包括实施过程中间成果的质量监督，其内容包括：对各移民实施机构的质量控制工作的监控。包括对实施单位的质量控制系统进行监督，使其能在质量管理中始终发挥良好作用；监督与协助实施单位完善工序质量控制，使其能将影响工序质量的因素始终都纳入质量管理范围；督促实施单位加强对重要且复杂的移民单项工程的管理；及时检查、审核实施单位提交的质量统计分析资料和质量控制图表，对于重要的移民安置工作进行复核。督促实施机构设置质量控制点，并加强对质量控制点的控制。质量控制点要根据移民工作的实际情况进行设置，并在工作进展中动态调整，主要包括：实物复核是否经过公示，公示的时间是否符合要求；各种移民补偿资金是否及时足额发放到村组及群众手中，是否有克扣、滞留现象；生产安置地块划拨是否符合规范要求；生活安置地块的选址、环境是否符合要求；集中安置点的建设发包方式、管理体制及质量保证体系是否健全；专项工程迁建的管理体制及质量保证体系是否健全；临时用地复耕后是否通过土地部门验收等；参与设计变更的确认、核实；实施过程中的检查验收。参与实施过程中的中间验收和阶段性验收，对验收的条件及存在的问题提出监理意见，对验收中发现的问题督促按期整改；参与质量问题或质量事故处理。

（3）事后监督。参与移民工作阶段性验收和竣工验收的自验、初验和终验；审核移民实施机构提交的有关文件资料；整理有关文件资料并归档；提交移民监理总结报告及有关监理成果文件。

4. 移民资金的监督

抽水蓄能电站建设征地移民安置资金按照专款专用、专账核算、限额控制的原则进行监督。

对移民安置实施阶段农村移民安置的征收征用土地补偿费、移民个人补偿补助费和集体财产补偿补助费、基础设施建设费、专项设施迁建费、库底清理费及预备费等资金使用进行监督,其内容包括:督促检查移民安置实施机构建立健全移民资金使用和管理的各项规章制度;根据移民安置规划和移民安置协议,审核年度、月度移民资金使用计划,主要从年度资金计划已完成或实施中的移民资金支付情况与实际支付情况的符合性、年度资金计划与移民安置年度计划的匹配性、年度资金计划与移民安置协议的移民资金拨付计划的符合性、年度与月度计划的匹配性、计划进度与实施进度的匹配性等方面进行审核;检查移民资金拨付情况、资金使用与移民安置协议资金对比情况、与上一年度资金使用的协调和衔接情况、预备费的申请程序和使用情况、配合相关部门开展的移民专项资金审计工作;当年度资金计划在实施过程中确需调整时,督促移民实施机构提出移民资金计划调整申请,分析其资金计划调整的合理性,提出监理意见,履行报审手续;对移民资金阶段性使用与资金计划不符的,督促移民实施机构调整,定期检查其调整和改正情况,问题严重的,报上级移民管理部门和省移民办督办;按照月度、年度为单位分析、汇总、整理项目资金计划和结算使用情况,以月报的形式向委托人汇报;对移民实施机构提出的预备费使用申请,提出监理意见。

移民安置资金监督主要从资金拨付过程监督和移民资金兑付过程监督,资金拨付主要是审核移民资金申请,按照移民实施机构提出申请—移民监理审核—项目法人审批—资金拨付的程序进行控制。

5. 移民设计变更监督

移民综合监理参与设计变更处理时,按照实事求是、及时有效和履行程序的原则对设计变更进行监督。

在实施过程中,在调查了解设计变更项目情况的基础上,实施单位、委托方和设计单位提出的设计修改要求或建议,应抄送移民监理机构。移民监理机构及时参与有关设计变更的研究,重点分析设计变更的合理性及对移民安置实施进度的影响等,并提出监理意见。

参与委托方组织的设计变更协调会,充分听取有关方面的意见,协助委托方就设计变更的合规性及其移民安置总进度的协调等方面的问题进行协调,提出监理意见。

6. 移民综合监理工作协调

移民综合监理工作协调主要是指移民综合监理将根据实际工作情况需要,组织召开移民综合监理工作会议,及时、公正、合理地做好各有关方面的协调工作;参加委托方、综合设代、地方人民政府和实施单位组织的各类协调会、工作会、咨询审查会等,如移民安置工作协调会、移民安置进度计划拟订、规划设计方案审查、工程招标、工程检查及验收等活动。

移民综合监理工作协调应遵循依法依规、平等协商和讲究实效的原则。

根据移民综合监理的工作要求,浙江磐安抽水蓄能电站移民综合监理协调工作主要是指对移民安置实施工作进行协调,包括浙江磐安抽水蓄能建设征地移民安置实施进度、质量、资金、设计变更、信息管理、合同管理等工作中存在争议问题的协调,以及相关方关

系的协调,包括委托方和移民安置实施机构关系协调、委托方与设计单位之间的关系协调等。工作协调的主要程序如下:

(1)收集近期移民安置实施工作中存在的问题,进行分析整理。

(2)将整理的相关资料与相关方进行沟通,征求初步的处理意见。

(3)根据沟通情况,如果各方达成一致意见的,将结果向相关方通告。

(4)根据沟通情况,如果各方不能达成一致意见,则确定是否需要召开监理会议或其他协调会议。

(5)组织召开监理会议或协调会议,针对提出的问题进行讨论,对于能达成一致意见的,以会议纪要的形式进行明确;对于不能达成一致意见的,报请上一级协调机构。

(6)根据会议要求,由主持会议方印发会议纪要。

(7)按照会议纪要要求落实相关工作。

7. 项目法人对移民综合监理的管理

经过调研项目法人对移民综合监理的管理,基本上项目法人都制定印发了移民监理管理手册,从制度上规范对移民综合监理的管理,主要包括移民综合监理的项目部组织和人员的组建管理,移民监理规划和移民监理实施细则的审查管理,征地移民费用拨付和使用及移民综合监理服务费用管理,征地移民实施过程中的对移民综合监理工作的监督管理,移民综合监理档案资料归档管理等方面。

对移民综合监理的管理体制一般包括项目法人的上级管理单位及部门,项目法人的主管领导和工程部、计划合同部等相关部门。

3.7.1.3 移民独立评估工作与管理

1. 移民安置独立评估范围

(1)编制移民安置独立评估工作大纲和总体工作计划,报甲方审批。

(2)根据移民安置独立评估工作需要,准备独立评估所需的各种用表和问卷。

(3)移民安置跟踪评估,主要对移民和安置区居民在移民搬迁安置过程中的状态、行为与活动进行观察、研究,通过对监测结果的分析评价,从移民生产恢复和发展结果、移民生活恢复和发展结果、移民个人收入、移民村集体经济收入、移民安置区公共设施、移民社会适应性等方面,反映移民安置实施前后社会经济状况及变化,同时力争及早发现移民安置过程中存在的问题和困难,并对这些问题和困难的难易程度进行评估,对其中可能进一步恶化的问题提出预警。

(4)编制独立评估报告,呈报有关移民主管部门和项目法人。

2. 移民安置独立评估服务内容

1)移民安置进度监督评估主要内容

(1)协助委托方审核有关地方人民政府和单位提交的移民安置年度计划。

(2)对移民安置年度计划执行情况进行跟踪检查与监督,并提出监督评估意见。

(3)对移民安置实施过程中出现的规划设计变更提出监督评估。

(4)参与移民安置进度计划协调会议。

2)移民安置质量监督评估主要内容

(1)督促有关地方人民政府和单位严格按批准的移民安置规划组织实施,对移民安置质量进行检查监督。

（2）参与移民安置项目质量问题处理。

（3）参与移民安置专业项目的验收工作。

（4）对移民安置质量提出监督评估意见。

3）移民资金的拨付和使用情况监督评估主要内容

（1）跟踪检查移民资金拨付和使用，监督有关地方人民政府和单位按照批复的概算和年度投资计划合理使用资金。

（2）协助委托方对移民安置预备费的使用提出意见。

（3）协助委托方审核有关地方人民政府和单位报送的移民安置年度计划资金拨付和使用情况统计报表。

（4）对移民资金拨付和使用效果提出监督评估意见。

4）移民生产生活水平恢复情况监督评估主要内容

（1）建立移民安置前的生产生活水平本底资料。

（2）跟踪监测移民安置规划确定的移民生产生活水平恢复措施的实施情况及效果。

（3）跟踪监测移民安置后的生产生活水平恢复情况。

（4）对移民生产生活中出现的问题提出改进建议并报委托方。

对移民安置进度、质量、资金拨付和使用中出现的严重问题，移民安置监督评估单位应当及时提出整改建议并报告委托方。

3. 移民安置独立评估工作程序

（1）按照合同组建项目移民安置监督评估机构，选派总监督评估师和监督评估师，进驻现场。

（2）按照批准的移民安置规划，编制移民安置监督评估工作大纲，明确项目移民安置监督评估机构的工作范围、内容、目标和依据，确定移民安置监督评估工作制度、程序、方法和措施，并报委托方备案。

（3）按照移民安置监督评估工作大纲和移民安置年度计划，编制移民安置监督评估实施细则。

（4）按照移民安置监督评估工作大纲和实施细则开展移民安置监督评估工作，编制并向委托方提交移民安置监督评估报告。

移民安置监督评估单位应当采取现场监督、跟踪检查、资金审核、监测评估等多种方式对移民安置实施全过程监督评估，发现问题应当及时报告委托方，并研究提出整改建议。

4. 移民安置独立评估工作方法和制度

（1）编制独立评估工作大纲，报省级移民管理机构审批。

（2）根据批准的独立评估工作大纲，独立评估单位应及时组建工作机构，进驻现场开展工作。

（3）独立评估工作完成后，独立评估单位应当向委托方移交独立评估档案资料，提交独立评估报告和总报告。

（4）独立评估主要采用抽样和专项调查的方式进行评估。独立评估抽样调查样本应当具有典型性和代表性,能够准确地反映移民在安置前、安置后生产生活水平的真实状况,搬迁安置户或生产安置户少于50户的应进行全面调查。

(5)信息收集主要包括文献、访谈、座谈、问卷等方法。信息分析主要采用统计分析法,移民生产生活水平恢复情况的评估主要采用对比分析法。

(6)独立评估单位在大中型水利水电工程建设征地移民安置实施工作启动前,应当完成本底调查工作并提交调查报告。

(7)移民安置实施期间,应当提交年度独立评估报告。

(8)移民安置专项验收时,应当提交移民安置独立评估专题报告。

3.7.1.4 其他咨询服务工作与管理

在全面实行政府购买服务的改革体制下,新时代抽水蓄能电站工程征地移民实施过程中还出现了多种多样的其他咨询服务机构,比如移民技术培训服务、土地到户测量技术服务、移民实施过程技术咨询服务、移民验收技术咨询服务、移民资金使用管理的资金审计服务和移民法律政策咨询服务等。

1. 移民技术培训服务

移民技术培训服务主要包括移民干部培训和移民生产技能培训两个方面,一般移民干部培训工作开展相对较早,在启动征地移民实施工作后即可开展移民干部培训工作。专业的移民干部培训机构相对了解移民实施机构的培训需求,同时对培训对象的心理需求掌握更为到位,并结合移民实施机构的实际开展移民资金管理、档案管理等方面的技术培训工作,在专业上具有一定的优势。

移民生产技能培训主要是对被征地的移民村群众和生产安置移民的种植、养殖、专业技能等方面的培训,该项工作的启动一般为征地和移民搬迁安置以后。

经调研新时代抽水蓄能电站工程移民技术培训方式,目前采用委托专业技术机构开展移民技术培训服务已成为趋势,也是全面实践政府购买服务的一个具体体现,同时根据多个移民项目的移民技术培训工作内容调研成果,移民生产技能培训相对较为薄弱,建议县级移民实施机构重视移民技术培训工作,做好移民干部和移民的生产技能培训工作计划,根据需要委托专业培训机构开展工作。

该项技术服务一般由移民实施机构委托,从移民技术培训费用中列支。

2. 移民实施过程技术咨询服务

移民实施过程的技术咨询服务工作近几年在大型水利水电工程征地移民实施中个别项目开展,某种程度上属于征地移民实施的全过程咨询,其主要工作内容是为项目征地移民实施管理工作过程提供技术咨询服务,主要包括:实施阶段,指导实施机构制订移民工作计划、移民资金使用计划;档案资料收集方面、资金使用管理方面开展业务技术指导;指导编制移民宣传手册;实施过程中复杂、特殊问题时提供技术咨询服务,包括必要时邀请实施综合技术专家、档案管理专家、移民资金管理专家等参与专题咨询会,提出专题技术咨询意见等。

该项工作的委托一般由地方人民政府移民实施机构委托,其费用从实施管理费中列支。

3. 移民验收技术咨询服务

移民验收技术咨询服务主要是在移民验收阶段,指导、协助有关单位和机构制订验收方案,收集有关移民实施管理、移民管理等方面的资料,协助编制移民实施管理工作报告、项目法人移民管理工作报告,指导验收报告初稿起草,指导验收过程等。

移民验收具有高度的程序性,要求规范,同时移民实施管理工作报告和项目法人移民管理工作报告的编制,要求全面总结征地移民实施管理的过程、移民管理过程,具有明确的规范要求,是一项技术性工作,根据调研多个水利水电工程移民验收和抽水蓄能电站工程移民验收过程,移民验收技术咨询服务的方式较为普遍。

移民验收技术咨询服务一般由移民实施管理机构或项目法人分别或共同委托,费用一般从移民实施管理费或项目法人建设管理费中列支。

4. 移民法律政策咨询服务

征地移民搬迁安置活动属复杂的社会工作,各种不确定性的社会风险将会显现,库区移民在新安置地面临着社会资本的弱化与缺失的风险,移民在迁出地原有的基于血缘、地缘而形成的稳定熟人社会网络部分丧失。原本移民在迁出地出现纠纷时,亲属、同事、朋友、社团、邻居等社会关系可以发挥润滑摩擦甚至解决纠纷的功能,而这种功能在安置地由于社会网络的部分丧失而失去了,移民转而依赖法律解决方式。同时,由于社区融入不足的风险,以及由此带来的心理上不安全感和不信任感增加,使移民与安置地原有社区的摩擦增加,客观上增加了对法律咨询服务的需求。

法律咨询服务是指从事法律服务的人员就有关法律事务问题作出解释、说明,提出建议和解决方案的活动。就目前移民安置地基层组织办事处的机构设置来看,并没有专门的接受移民法律咨询服务的窗口或者机构。移民的法律咨询服务表达仅仅是依靠个案的投诉或咨询来完成,并且这些投诉或咨询也是由跨部门跨专业的工作人员来接受和完成。此外,移民没有其他的通道和载体来表达对法律咨询服务的利益诉求。完善移民村的法律咨询工作,进行长效制度建设,提升移民村法律咨询工作的针对性和有效性,是移民安置工程顺利进行的客观需要。

该咨询服务相关费用可以根据不同需求,移民实施管理机构主要委托目的为征地移民实施管理工作服务,项目法人委托主要为项目法人建设管理工作服务,项目费用列支根据不同需求在各自单位中的相关费用中列支。

法律咨询服务目前相对较为成熟,建议主要从以下几个方面进行优化与管理。

(1)法律咨询服务的供给模式。

①形成多元主体的供给模式,通过与社会组织和社会团体的合作,丰富法律咨询服务的供给主体,联系和动员社会力量加入,比如承担法律援助任务的律师、具有法律专业资格的社会志愿者等,用社会力量强化基层政府的法律咨询服务供给能力。

②采用多样化的供给方式。法律咨询服务可采取电子邮件、网站、电话咨询和微信等方式。

③确立咨询服务需求主体的先导地位,安置地政府应采用多样的方式搜集移民对法律咨询服务的需求利益偏好,增加移民法律咨询需求方面利益表达的途径,比如开通专门的窗口和信箱接受法律咨询类诉求和建议的表达。

（2）细化法律咨询的类别设置。

法律服务人员可以很好地解答法律问题，但并不适合解答关于移民政策的咨询问题，针对移民所咨询问题的混合性特点，在移民村提供法律咨询服务的同时，为移民提供专门的政策咨询窗口，分别由专业的法律服务人员和移民局工作人员负责解答，两项咨询同时同地开展。由专业人员对所咨询问题的性质进行厘清，移民在进行咨询时也可以同时获得法律方面和政策方面的咨询意见。由于条件限制，法律服务人员也可能并不熟悉当地所有的移民政策，在以往的咨询中法律服务人员为了给出法律建议只有就相关政策询问移民本人，获得的信息很可能不准确，由熟悉移民政策的工作人员同时开展工作，也方便法律咨询人员就地方政策进行现场询问，以此为基础给出有针对性的解决方案，增加法律咨询服务的有效性。

（3）配备多样化的法律咨询服务人员。

在人员的选配上，具有较强实务经验的法律工作者是法律咨询服务人员的首选。在法律服务人员的公职身份上，除选派当地基层法院的法官外，更应该有当地甚至异地的律师作为咨询人员。由于移民村咨询问题所涉行政法律关系较多，律师可以充分保护当事人的合法权益，同时平复移民的不信任和不安情绪，这样更利于法律争议问题的咨询和解决。

（4）合理安排法律咨询服务时间。

法律咨询服务的时间安排应适应移民村的人员流动特点。随着时间发展，移民村法律咨询的热点会从搬迁补偿问题慢慢向生活中的法律难题扩大，咨询的范围也会从迁出地的补偿政策向安置地的地方性法规转移。移民由于迁移离开原有土地，在安置地没有土地的移民多选择进城务工成为农民工，农民工返乡的时间多集中在春节前夕并在村里过完春节后再次外出，移民在返乡期间会集中处理更换工作、结婚生子、接孩子返回务工地上学、帮助留守家人处理生活难题等事务，因此相关法律关系的咨询需求会大量上升。抓住这一人员流动的特点，在某一时间段内增加提供法律咨询服务的次数和时间，能集中解决更多的法律疑问，使法律咨询服务更充分地发挥作用。

（5）提供配套的法律援助服务。

法律援助服务应该及时配套。在移民村的法律咨询实践中，很多案件即将超过诉讼时效，移民在从咨询服务人员处了解到这一情况后，都表现出聘请律师的迫切愿望，甚至有移民表达出与前去咨询的律师建立委托关系的意愿，但高昂的律师费无形中增加了移民的负担。直接选派法律援助服务站的律师虽可解决这一问题，但这会使咨询服务人员的选择面更窄。更为实际的做法是，由当地政府及时为有此类需求的移民提供法律援助的相关信息，牵头或帮助联系法律援助中心，共同搭建移民村的法律援助平台，为法律纠纷的进一步解决提供帮助。

3.7.2　技术服务机构设置与管理实践特点及分析

3.7.2.1　移民综合设代工作与管理

移民综合设代服务已成为新时代抽水蓄能电站工程移民实施过程中的重要服务机构，其发挥的作用不可替代，为全面推行移民综合设代服务管理体制，明确移民综合设代的工作内容,规范工作行为,目前尚未印发实施水电工程的移民综合设代相关的规程规范,建议有关重视移民综合设代服务的规范管理,积极推动相关规程规范的印发和实施工作。

3.7.2.2　移民监理工作与管理

新时代抽水蓄能电站工程移民综合监理单位的选择方面,一般由项目法人负责,根据《移民条例》的有关规定,在全面依法依规开展工作中,建议移民综合监理服务单位的招标和委托活动,项目法人应与地方人民政府沟通并经授权后开展,作为项目法人和地方人民政府的代表,履行全面和全过程的移民监理。

根据移民综合监理的有关规范,其主要工作开展贯穿征地移民实施的全过程,为进一步明确移民综合监理的职责范围和工作内容,更好地为移民实施机构在征地移民实施管理工作开展监督和指导,建议移民综合监理驻场后,移民综合监理实施细则编制完成并经审查批准,实行项目法人会同地方人民政府组织的移民综合监理和移民实施管理机构工作对接及交底制度。在移民安置的过程中应充分发挥移民综合监理的作用,督促好地方人民政府按照分年度工作计划完成相关移民安置工作。

3.7.2.3　移民独立评估工作与管理

移民综合监理和独立评估工作构成了《移民条例》明确的移民安置全过程的监督评估工作内涵,在新时代抽水蓄能电站工程建设征地移民安置实施过程中在保障移民的合法权益方面、征地移民实施规范操作方面发挥了重要的作用,在现阶段的征地移民、征地搬迁等其他项目中,建议在全国其他工程建设项目征地过程推广监督评估制度,保障被征地群众和集体的合法权益,推进征地过程的依法依规、阳光操作。

3.7.2.4　其他咨询服务工作与管理

在全面实行政府购买服务的改革体制下,新时代抽水蓄能电站工程征地移民实施过程中还呈现了多种多样的其他咨询服务机构,比如移民技术培训服务、土地到户测量技术服务、移民实施过程技术咨询服务、移民验收咨询服务、移民资金使用管理的资金审计服务和移民法律政策咨询服务等。

3.8　目前建设征地移民安置存在的问题

在前期工作和实施过程中主要存在如下问题,具体如下。

(1)移民实施机构性质不确定,办公形式及人员不明确。

抽水蓄能电站移民实施机构均为由县级人民政府组织成立,移民机构性质可采用临时机构或常设机构,办公形式有负责人职能唯一的独立办公及负责人兼职组合办公两种,尽管组合办公兼职的情况目前较为普遍,从协调力度上有一定的优势,但在实际机构运转过程中,临时机构负责人多为县发改委主任兼任,由于发改委日常事务的需要,负责人从事的原主单位工作事务及时长比临时机构的要多,常导致实施机构运转效率大大降低,一定程度上限制了移民工作实施的高效运转。

(2)移民安置方式应与当地经济发展及自然环境不完全适应。

移民安置要与生态环境保护、地区经济社会发展、产业结构调整、生活生产条件改善、现代农业和城镇化发展等紧密结合,发展市场经济体系,建立良好的产、销、供关系。随着工程移民规模的增大、土地资源价格的快速上涨、工业化和城镇化的加速发展,移民工作暴露出难搬迁、费用超、移民生活可持续性差等诸多问题,与我国大规模的经济社会转型发展、和谐社会建设不相适应,移民安置方式与经济社会转型发展的要求不相适应。

(3)政策法规的不完善,政策落实不到位,配套政策措施落后等问题存在。

我国现行主要移民政策法规是国务院于 2006 年颁布实施的《大中型水利水电工程建设征地补偿和移民安置条例》,虽经三次修订,对移民安置工作提出了新的要求,但并未将实际的工作尽量细化,导致许多工作缺乏一定的可操作性,影响相关方的认识。结合国务院令第 471 号,结合地方实际,尽早完善更加具有可操作性的工程移民管理办法及相关细则,探索出移民"因地制宜、以民为本"的新思路。

(4)移民管理人员专业技术水平和能力难以适应复杂的移民管理工作。

移民工作涉及广大的移民群众、项目管理、财务管理、工程技术等方面,工作面广、难度大、强度高。移民工作人员不足,专业性不强。移民工作繁杂多变,多数移民干部专业单一,但是为了适应移民工作的要求,几乎所有工作人员都是身兼数职,但精通业务的人却很少,导致了移民工作不细致、漏洞较多,移民管理能力与管理体制不适应。

(5)移民政策宣传力度不够。

因征地移民工作涉及面广,所涉及的移民对象人数众多,移民群众对移民安置政策了解程度直接影响他们对待移民工作的态度,且补偿标准在同一个省市的不同区也存在着差异,民众有攀比心理也是情理之中的事情,会出现移民不配合工作,甚至阻碍移民工作开展的情况,在实际工作过程中不仅有移民群众对国家政策不清楚的情况,也存在移民干部对移民政策理解不透彻的情况,在开展征地移民安置工作时,不能准确、有效、清楚地解答移民有关政策和标准方面的疑问,从而导致移民群众出现负面情绪,影响移民工作进展,甚至出现影响社会稳定的不良倾向和错误行为。

(6)地方人民政府的计划执行力度不够。

在建设征地移民安置工作中,需地方人民政府的国土、建设、交通、水利、公安等职能部门参与,因参与实施的部门行业不同工作职责不同,对一个共同的移民项目的管理方式不同,对政策的理解、认识有行业差别,会出现各方意见不统一,且难于协调的情况,甚至会有推卸责任和管理混乱的状况。移民安置实施机构需要协调各职能部门之间的关系,还要协调与项目业主的关系、与设计单位的关系、与移民综合监理的关系、与社会团体的关系等。

受影响的相关方思想多变,水库移民是安置工作的主体,具有非自愿性和抵触情绪,安置区原有居民的利益也不容忽视,如何创造条件让移民和安置区原有居民积极参加、合作,对移民工作的有效运行具有积极作用。

信息公开以后,工作难度加大;移民实施机构全过程实行阳光操作,对实物指标调查结果进行公示,增加移民工作的透明度,这在一定程度上保持了移民安置区的社会稳定,同时增加了政府工作的难度。

新时代水利水电工程建设征地与移民安置实施过程中土地划分直接导致政府工作量和难度的加大。由于抽水蓄能电站涉及面广,占用耕地、林地、园林、水域、坡地、荒地等征地难度大,如何准确而科学地划分地类,不仅关系到移民的切身利益,而且会直接影响到整个工程的投资及收益。

(7)档案管理的信息化程度不高。

移民档案是移民工作中形成的具有保存价值的文字、图表、声像等不同形式和载体的历史记录,是反映移民工作过程的重要凭证,是移民工作的重要组成部分,是留史存证、规范管理、支撑监管、维护各方合法权益、保障移民工作顺利进行和社会长治久安的一项基础性工作。随着我国社会经济的快速发展,传统档案管理模式已跟不上时代的步伐,对于档案工作现代化管理的需求逐渐增加,信息化技术的发展为传统档案管理模式带来了创新机遇。将档案管理工作和信息技术密切结合,转变传统纸质管理模式,创新档案管理模式,对于快速适应抽水蓄能建设迅猛发展节奏,为档案资源管理、使用及共享提供便利迫在眉睫。

第 4 章　洛宁抽水蓄能电站移民安置实施管理的探索实践

4.1　洛宁抽水蓄能项目概况

4.1.1　工程概况

河南洛宁抽水蓄能电站位于洛阳市洛宁县城东南的涧口乡境内,工程开发任务主要是承担河南电网的调峰填谷、调频调相、紧急事故备用等,是河南省"十三五"重点能源工程建设项目。

工程为Ⅰ等大(1)型工程,由上水库、下水库、输水系统及发电厂房 4 部分组成。电站装机容量 1 400 MW,装设 4 台单机容量为 350 MW 的水泵水轮发电电动机组。上水库坝顶高程为 1 233 m,最大坝高 86 m,坝顶长度 718 m,正常蓄水位 1 230.00 m,正常蓄水位以下库容 833 万 m³,死水位 1 204.00 m,死库容 199 万 m³。下水库位于洛河右岸一级支流白马涧上,坝顶高程为 624 m,坝顶长度 318 m,最大坝高 106 m,正常蓄水位 620.00 m,正常蓄水位以下库容 895 万 m³,死水位 588.00 m,死库容 256 万 m³。

2017 年 6 月,河南省发展和改革委员会核准同意建设河南洛宁抽水蓄能电站(豫发改能源〔2017〕577 号),2018 年 9 月开工建设,计划于 2026 年 12 月首台机组投产发电,2027 年 12 月 4 台机组全部投产发电。

4.1.2　征地移民情况

河南洛宁抽水蓄能电站建设征地主要涉及洛宁县涧口乡鳔池村、白草坡村、砚凹村、院西村、黄窑村、洪崖村 6 个村,征地总面积为 4 929.68 亩,其中永久征收土地 3 446.87 亩,临时征用土地 1 482.81 亩;移民搬迁安置涉及鳔池村 1 个村 32 户 98 人(含 3 户财产),拆迁各类房屋 6 041.01 m²;另有交通设施、电力设施、水利设施、通信设施、文物古迹等专业项目,工程未压覆已查明的矿产资源。

洛宁抽水蓄能电站规划各类土地征收征用指标见表 4-1。

表 4-1　洛宁抽水蓄能电站规划各类土地征收征用指标表

序号	地类	单位	面积	用地性质	
				永久用地	临时用地
1	砚凹村	亩	771.06	633.78	137.28
2	白草坡村	亩	1 385.53	891.87	493.66
3	院西村	亩	590.08	357.72	232.36

续表 4-1

序号	地类	单位	面积	用地性质	
				永久用地	临时用地
4	黄窑村	亩	277.31	38.26	239.05
5	鳔池村	亩	1 525.30	1 247.51	277.79
6	洪崖村	亩	3.01	0	3.01
7	白草坡和院西争议	亩	59.53	59.53	0
8	白草坡和砚凹争议	亩	206.63	159.69	46.94
9	争议	亩	45.99	0	45.99
10	国有	亩	65.24	58.51	6.73
	合计	亩	4 929.68	3 446.87	1 482.81

4.2　洛宁征地与移民安置规划设计

4.2.1　规划设计的主要内容

4.2.1.1　建设征地实物指标概况

1. 土地

洛宁抽水蓄能电站工程建设征地范围包括水库淹没影响区、枢纽工程建设区和建设征地范围外其他影响区。建设征地总面积 5 208.89 亩,其中水库淹没影响面积 835.31 亩,占总面积的 16.04%,枢纽工程建设区面积 4 373.58 亩,占总面积的 83.96%。洛宁抽水蓄能电站工程布置在可研审定的基础上进行了优化调整,其建设征地红线范围作了相应调整。根据工程建设用地需求等文件,截至 2021 年 10 月底,洛宁抽水蓄能电站工程实施阶段建设征地总面积为 4 929.68 亩,其中永久征收面积 3 446.87 亩,临时征用面积 1 482.81 亩。

2. 人口

洛宁抽水蓄能电站建设征地移民安置影响共涉及洛宁县涧口乡鳔池村两个村民小组总计 32 户 98 人(含 3 户财产户),全部为农业人口。其中,鳔池村一组 92 人,鳔池村二组 6 人。

3. 房屋

该工程建设涉及拆迁各类房屋面积总面积 6 041.01 m^2,其中砖混结构房屋面积

509.73 m²,砖(石)木结构房屋面积 154.56 m²,砖土木结构房屋面积 2 280.15 m²,土木结构房屋面积 1 438.58 m²,木(竹)结构房屋面积 263.47 m²,板房砖房面积 620.04 m²,彩钢顶房屋面积 774.48 m²。按建设征地区划分,枢纽工程建设区涉及房屋面积 3 473.18 m²;水库淹没影响区涉及房屋面积 1 687.1 m²;建设征地外其他影响区涉及房屋面积 880.73 m²。

4.专项工程

工程建设征地影响专业项目涉及机耕道 5.314 km,涵洞 5 座 59.3 m,10 kV 输电线路 1.35 km,0.4 kV 输电线路 2.15 km,24 芯移动光缆 1.25 km,水渠 1.1 km。

4.2.1.2　移民安置规划概况

1.搬迁安置人口

洛宁抽水蓄能电站规划设计基准年为 2016 年,规划设计水平年为 2019 年。人口自然增长率定为 6.7‰,整个建设征地区取统一值。规划设计水平年搬迁安置人口为 98 人,统一进入涧口乡桃花苑移民新村集中安置。

2.生产安置人口

洛宁抽水蓄能电站生产安置人口为 216 人,其中 124 人采取农业安置,92 人采取复合安置。

3.桃花苑移民安置点

桃花苑移民安置点规划占地面积 14.7 亩,规划安置人口为 32 户 98 人,人均用地面积 100 m²。建筑沿道路布置,布置 1~2 层,建筑色彩与形式结合当地的文化元素及周边建筑情况。通过建筑布置,围合出内部小的庭院,形成半封闭的私密空间,营造良好的住区内部环境;通过建筑的后退,形成错落的广场空间,丰富内部环境,而宽阔的区域作为运动广场使用,布置运动器械;在安置点入口处布置有文化室、卫生室、活动室等,结合这些公共设施布置了移民休闲集会的广场,沿神灵路一侧布置商铺。安置点外部供水通过在安置点附近打井解决水源问题;安置点内部道路直接接入安置点附近的神灵路;安置点电力 T 接入 10 kV 禄涧线—上陶玉支线—敬老院分支;居民点通信外部进线规划从移民安置点附近禄涧线引入 1 回光缆线路。

4.专业项目

工程专业项目包括交通、电力、通信、水利、文物古迹等。对需要复建的专业项目,根据"原规模、原标准和恢复原功能"的"三原"原则,进行复建处理。

1)交通工程

据实物指标调查和分析,洛宁抽水蓄能电站影响的交通设施主要有机耕道 5.314 km、人行道 5.81 km,涵洞 5 座 59.3 m。洛宁抽水蓄能电站上水库建设征地后将切断刘后坡等村落的对外出行道路及鳔池村连通其他村对外出行道路。为保证当地居民的出行需求,特恢复鳔池村剩余村民对外出行道路,复建内容为 2 条机耕道,其中 1 条复建机耕道连接刘后坡与坳子石坑,另外 1 条复建机耕道连接鳔池村对外道路。规划设计桃花苑移民新村安置点对外连接路。2 条复建道路路基宽 4.5 m,路面宽 3.5 m,混凝土路面,道路圆曲线最小半径为 12 m,道路纵向坡度最大不超过 10%,最小不低于 0.3%。其余设施因移民搬迁后失去功能,不再进行复建。

2)电力工程

工程建设征地影响 10 kV 电力线路 1.35 km,0.4 kV 电力线路 2.15 km 和容量为 100 kVA 的变压器 1 台。结合"三原"原则,规划复建 10 kV 电力线路 2.20 km,其中包括安置点 10 kV 外部进线 0.20 km;复建 0.4 kV 电力线路 0.75 km;迁建 10 kV 变压器 1 台,容量 100 kVA。

3)通信工程

工程影响通信线路 1.25 km, 结合"三原"原则,规划复建通信线路 1.70 km,其中包括安置点外部进线 0.40 km。

4)水利工程

恢复下水库建设征地影响的砚凹村人畜安全饮水管线和幸福渠渠道,规划设计桃花苑移民新村外部供水。移民安置点给水水源选择重新打井供水。

5)文物古迹

洛阳市文物局对建设征地范围内的文物古迹进行了全面调查,编制了《河南洛宁抽水蓄能电站建设工程文物调查及文物保护规划报告》。河南省文物局以豫文物基〔2016〕23 号文进行了批复。根据《河南洛宁抽水蓄能电站建设工程文物调查及文物保护规划报告》,采取考古勘探、发掘洛宁抽水蓄能电站建设征地范围涉及地下文物。

5. 征用土地复垦

根据工程临时用地占地特点,以及项目区土地利用现状及规划情况,复垦责任范围为 1 482.81 亩。通过复垦设计,恢复本工程临时征用农用地的耕作条件,实现各村组复垦前后总面积不变,且农用地面积不少于工程征用临时用地中农用地面积。

6. 库底清理

洛宁抽水蓄能电站水库库底清理陆地总面积共计 809.77 亩。其中,林木清理涉及园地 786.85 亩,零星树木清理 256 株,易漂浮物清理 346.68 m^3;卫生清理中一般污染源涉及粪便清掏 233.6 m^3,固体废弃物开挖 15 m,坑穴消毒 492.84 m^2,坑穴覆土 248.6 m^3,坟墓清理 26 座,灭鼠 1 364 堆;建(构)筑物拆除与清理中建筑物拆除与清理 1 732.22 m^2,构筑物拆除与清理中涉及围墙 32.62 m^2,易漂浮物清理 567.64 m^3;秸秆清理对象为耕地上的秸秆及库区移民家中的柴木和秸秆,清理量为 60.7 m^3;其他清理涉及陆地面积 809.77 亩。

4.2.1.3　建设征地移民安置补偿费用概算

河南洛宁抽水蓄能电站建设征地移民安置补偿费用(不含贷款利息)为 39 996.98 万元。其中,静态补偿费用 38 189.53 万元,价差预备费 1 807.45 万元。

4.2.2　规划设计特点与分析

洛宁抽水蓄能电站工程规划设计秉承三大工程建设理念:一是建设以人为本,人水和谐,改善生态的社会民生工程;二是建设推动贫困县区乡村振兴,助力精准脱贫,倡导绿色发展的能源富民工程;三是建设促进国家森林地质公园旅游升级,融入民俗文化,彰显洛宁自信的文化惠民工程,是高起点规划的典范。

(1)洛宁县根据项目特点从各项实物指标的核定,到移民群众的合理安置,从专项设施迁建的必要性,到其规模、标准的确定,从投资概算的科学安排,到征地移民安置工作统筹计划,多方面综合论证,在各参建机构、乡镇和参建单位的密切配合下,精心组织编制了具有可操作性的移民实施方案,编制了切合洛宁县实际的移民安置规划,并认真审查后上报县人民政府常务会议研究后批复印发,为征地移民安置实施工作提供了重要依据。

(2)移民安置点选址优越,房屋设计规划周密。选择在洛宁神灵寨 4A 景区人口必经之路,在移民统建的房屋设计方面,将房屋的楼梯设置在外侧,充分考虑移民的后续发展,同时考虑可发展农家乐,既能够让移民发展生产多了选择,又对景区也是一个无形的宣传推介。"想移民之所想、知移民之所需",移民安置由被动安置变为主动选择,是移民安置取得成功的关键。

(3)移民干部在移民安置问题上细致工作,重视移民安置效果。经充分考虑移民搬迁后的生活安置问题,安置点选择地理位置优越,选址离县城近,安置点建设门面房实行复合型生产安置,结合移民补偿实际高标准规划建设安置点,可逐步实现移民城镇化,也是对国家乡村振兴战略的具体实践。

4.3 管理体制与机制

4.3.1 管理体制与机制模式

4.3.1.1 机构成立与设置

经洛宁县人民政府报洛阳市机械编制委员会办公室批准,县人民政府成立洛宁抽水蓄能电站管理处,为正科级事业单位,下设办公室、计划财务、工程建设、档案四个科室。

2018 年 4 月,洛宁县委、县人民政府高度重视洛宁抽水蓄能电站工程建设征地和移民安置工作,为切实加强项目征地移民安置工作的组织领导,县人民政府成立了以县委书记为政委、县长为组长的洛宁抽水蓄能电站征地移民安置工作领导小组,由洛宁公司、县公安局、检察院、法院、县发改委、自然资源局、林业局、督察局、民政局、财政局、审计局、环保局、水利局等部门及涧口乡人民政府组成,领导小组下设办公室,设在洛宁抽水蓄能电站管理处。

4.3.1.2 机构主要职责

洛宁抽水蓄能电站管理处作为领导小组的派出机构,受洛宁县的授权,负责现场实物指标调查与复核、签订征地移民具体协议、补偿兑付征地移民资金,协调工程有关问题。

洛宁抽水蓄能电站管理处负责起草移民安置工作意见、实施方案、实物补偿办法等文件;负责移民人口核定和新增人口的确认;负责实物指标分解到户、补偿金额计算审核及下拨;负责制订征地移民工作计划;负责组织实施移民建房及安置点基础设施建设;负责组织生产安置的落实工作;负责专业项目复建工作;负责移民搬迁及运输组织工作;负责做好洛宁项目用地的征收征用工作和移民安置区征收移民安置建房用地及生产、生活用地调整;负责做好因土地征收征用、移民安置引起的矛盾纠纷调处工作。

在土地报批工作方面,洛宁抽水蓄能电站管理处负责配合洛宁公司划定项目建设用地红线;负责配合洛宁公司做好电站项目工程建设用地报批协调工作;负责移民安置区的建设用地报批和办理生产用地流转手续等。

在工程建设环境协调方面,负责对外、对上、对洛宁公司的协调等事宜;负责涉及公安、环保、安全、电力、通信、交通、流动人口协调管理、农民工工资拖欠等方面的协调工作,为洛宁公司创造良好的工程建设外部环境;负责项目建设过程中的矛盾调处等工作。

4.3.2　管理体制与机制特点与分析

按照《移民条例》的有关规定,结合洛宁抽水蓄能电站工程征地移民安置工作实际,洛宁抽水蓄能电站工程移民安置管理体系建立与实施深入贯彻了"政府领导、分级负责、县为基础、项目法人参与"的国家管理体制内涵。工程建设征地移民安置工作在河南省移民办和洛阳市移民办的指导下,在洛阳市人民政府和洛宁县人民政府的领导下,实行"政府领导、分级负责、县为基础、项目法人参与"的管理体制,省、市移民办负责征地移民安置的行业指导和监督管理,洛宁公司作为项目法人负责资金筹措、参与实施工作,洛宁县人民政府在省和市人民政府领导下,负责洛宁抽水蓄能电站的征地移民安置实施工作,洛宁抽水蓄能电站管理处作为县级移民实施机构组织实施征地移民安置工作,中国电建集团中南勘测设计研究院有限公司(简称中南院)负责移民设计和综合设代工作,河南大河工程建设管理有限公司负责移民综合监理和独立评估工作。主要有以下特点:

(1)县委、县人民政府高度重视,成立机构,明确人员。县人民政府其他组成部门和乡镇移民干部齐心协力、同心同力服务于工程建设征地和移民安置工作,是取得征地移民工作成绩的组织基础。

(2)地方人民政府与项目法人分工明确、沟通顺畅。政府精心全力组织实施征地移民工作,项目法人积极筹措移民资金,政府不用考虑移民资金筹措,项目法人不用担心征地移民工作,项目业主与政府建立了充分信任和相互理解的良好关系,在征地移民工作上只有相互理解和尊重,没有相互猜忌和指责,是洛宁抽水蓄能电站征地移民安置工作取得成功的重要基础。

(3)结合地方经济特点及人民意愿,依法依规保障移民安置。移民安置过程中,充分发挥政府征地移民工作的多方面优势,在工程建设征地补偿标准的确定、征地移民安置规划及安置方式的确定、土地的调整等各级人民政府进行统一协调、管理、组织与实施。

4.4　移民安置实施管理

4.4.1　安置实施管理内容

移民安置实施管理主要内容包括:移民搬迁安置、移民生产安置、土地征收征用、专业项目处理、库底清理、资金使用管理、档案管理和后期扶持等。

4.4.2　安置实施管理特点与分析

4.4.2.1　实施管理过程

根据《移民安置规划报告》,洛宁抽水蓄能电站管理处统筹管理,按照工程建设进度和建设用地计划需求,在省移民办指导和洛阳市人民政府的领导下,组织实施。采取派驻人员、聘请专家等方式进行多方面培训、全方位学习,用多种方式开阔和提高移民干部的工作思路和业务素质,用全方位的指导和学习弥补移民干部工作的经验不足,用各种奖励激励来促进移民工作进度,用细致的检查来督导各项具体移民工作,现场排查和解决移民工作中存在的具体问题。

制订科学可行的移民实施方案,做到移民搬迁有奖励、有惩罚,按期搬迁的有奖励,对于无不正当理由拒迁进行处理。对移民搬迁设置三个节点进行奖励,2018 年 5 月 5 日前签订搬迁协议的,按每户 9 000 元进行奖励;2018 年 5 月 6—10 日签订搬迁协议的,按每户 6 000 元进行奖励;2018 年 5 月 11—15 日签订搬迁协议的,按每户 3 000 元进行奖励,逾期不再奖励。实施方案还对移民户的档案资料形成进行了明确。

专项设施迁建涉及交通、电力、通信专业项目的迁建。按照规划确定的迁建方案,根据各项目的权属不同,通信和电力线路迁建交给电力和通信部门及时包干处理,限期完成。对上路交通机耕路的复建工程和幸福渠迁建项目则由洛宁管理处负责组织实施。

在库底清理实施过程中,洛宁抽水蓄能电站管理处编制了实施方案,确保库底清理的质量。库底清理完成后,及时组织"四方"自验,确保清理数量准确。为顺利通过库底清理验收打下良好的基础。

为加强各方协调,提高工作效率,由政府牵头,不定时召开移民工作协调会,解决征地移民安置问题,形成会议纪要,作为移民安置和征地搬迁的工作依据。

项目实施过程中政府组织得力、移民积极配合,机构高效运作,完美实现了抽水蓄能电站的高标准建设,高质量安置。

4.4.2.2　实施管理特点

(1)高度重视,持之以恒。

项目提出至今已历经十几年时间,洛宁历届县委、县人民政府紧盯不放,不离不弃,坚持不懈,多方争取上级人民政府、部委帮助支持,才使该项目取得了今天的成果。尤其是近几年来,县委、县人民政府高度重视该项目的推进,县委、县人民政府成立了书记、县长挂帅的高规格项目领导小组,专门成立洛宁抽水蓄能项目前期工作指挥部、移民工作领导小组和洛宁抽水蓄能电站管理处,抽调人员,专职负责项目前期工作。扎实的前期工作为后期的征地移民实施奠定了良好的基础,县委、县人民政府的高度重视,持之以恒,也为项目顺利推进奠定了坚实的基础。

(2)制定机制,高效作为。

在项目征地及移民搬迁安置推进过程中,我们以县建设征地移民安置工作领导小组及县抽水蓄能项目建设指挥部为领导协调机构,以洛宁管理处为组织实施单位,抽调县国土资源局、林业局、公检法等专职人员组成征地移民工作专班,与项目所在地乡政专项工作组一起开展征地移民及搬迁安置工作。国土资源局专职负责建设用地及临时占地征收、征用过程中实物指标登记、复核及政策解读、业务指导及手续办理工作;林业局专职负责建设用地及临时占地中涉及征收、征用林地地上附着林木种类调查登记、复核及政策解读、业务指导及手续办理工作;公检法部门抽调专职协助涧口乡人民政府负责征地搬迁过程中矛盾纠纷疏导、化解及信访稳定工作;涧口乡人民政府成立工作专班负责移民搬迁、房屋拆除、项目用地的征收、征用及移民生产安置用地的调剂及分配工作并对下达到乡、村的征地移民各类补偿补助资金的审核、监管、发放及建设征地工作涉及村组相关协议的签订等;洛宁管理处全面负责洛宁抽水蓄能电站项目建设服务管理及工程建设的综合协调工作,定期组织召开会议,了解各项工作进度及存在的问题及督促项目有关事项协调结果的落实,并向县领导小组和指挥部定期报告。此外,洛宁抽水蓄能电站管理处与移民监理部、综合设代处形成了联合办公机制,不断完善工作流程,细化移民资金管理与纸质和影音电子档案归集等一系列工作,做到征地工作事事可溯源,件件有记录。这些工作机制的形成并执行,使得紧迫繁杂的征地移民工作高效推进,移民安置点高标准规划并建成交付,库区搬迁实现和谐拆迁,顺利完成移民安置房屋选房分配并搬迁入住,平稳完成土地及附着物征收和补偿资金兑付。

（3）深入群众,集思广益。

在移民新村选点、规划、设计各项工作过程中,县、乡、村三级就新村选址、安置房屋设计方案等充分开展了群众意愿调查,最终确定的建设位置好,规划标准高,功能齐全,配套完善,使移民群众从偏远山区搬迁至此,不仅大大改善了居住条件,也极大地改善了就医、适龄儿童入学条件,且结合商业补充安置为搬迁移民长远发展创造了良好条件;在征地宣传动员期间,县指挥部组织相关职能部门多次深入库区与村组干部群众充分座谈调研,最终提请县人民政府编制并印发了《河南洛宁抽水蓄能电站建设征地和移民安置实施方案》,明了了职责分工及奖惩办法,全程规范指导征地移民实施工作,其中的奖惩办法有力促进了移民搬迁及房屋拆除工作的进程;在安置房屋选房分配时,组织并引导移民干部群众召开座谈会,群众代表会,最终充分汇总干部群众的集体意见,形成并印发了《河南洛宁抽水蓄能电站移民搬迁安置房屋分配（选购）方案》,指导了安置房屋选房分配工作的圆满完成,同时采用两次摇号的办法大大地增强了选房过程的公开和透明,使移民群众充分满意;在土地及地上附着物资金兑付过程中,由移民综合监理部向移民群众解答征地相关政策疑问,由移民设代处向移民群众解答征地期间的具体技术问题,洛宁公司专员参与,县乡移民干部深入村组农户第一时间无缝隙深入群众,零距离了解群众关心的事项,及时答疑解惑,疏导矛盾,调整现场工作方法,丰富宣传措施,使得征地政策人人知晓,补偿标准人人明了,村组干部群众相关广泛认同重大项目建设耽误不得,征地工作迟缓不得,主动搁置个别集体或个人之间内部争议,在广大干群中营造和谐良好的项目建设外围环境,服务项目建设大局,确保工程建设的顺利开展。深入群众,集思广益的工作方法,有力促进了征地移民工作的快速推进。

（4）以人为本,重视安置。

洛宁抽水蓄能电站始终重视以人为本的思想,重视移民安置工作。在移民规划大纲和移民规划阶段,充分考虑移民搬迁后的生活安置问题,安置点建设门面房实行复合型生产安置,结合移民补偿实际,高标准规划建设安置点,实现了移民小城镇化安置,也是对国家乡村振兴战略的具体实践。移民安置点选择地理位置优越,选址离县城近,选择在神灵寨景区入口必经之路,在移民统建的房屋设计方面,将房屋的楼梯设置在外侧,充分考虑移民的后续发展,同时考虑可发展农家乐,既能够让移民发展生产多了选择,又对景区也是一个无形的宣传推介。移民实施阶段,采取统规统建的办法,由搬迁移民委托政府做安置点的规划设计和移民房屋及基础设施建设。移民户向村集体逐级提出申请由政府统一组织建设,政府接受委托后,通过招标投标等过程建设程序管理组织移民房屋建设;移民房屋建设的质量保证、进度保证等方面的管理规范,移民不需要过多参与建房过程的监督,从而不影响移民的生产生活。"想移民之所想、知移民之所需",移民安置由被动安置变为主动选择,是移民安置取得成功的关键。重视移民安置与当地文化内涵的有效统一,打造富有文化内涵的移民安置点。正是洛宁县深厚的文化内涵,洛宁县人民政府在移民安置点的建设打造上,也在文化内涵的丰富发扬方面做出了丰富的工作。洛宁抽水蓄能电站工程移民安置点,有着浓郁、浓厚的文化传承与发展的气息,由中国书法家协会会员、洛宁县书法家协会主席题写的"鳔池小镇",加上32户移民户大门门匾和安置点内村委会的门头,每个门匾的书法由洛宁管理处倡导洛宁县书法家协会组织会员参加,现场由移民户自主选择题意,对石刻门匾现场泼墨,既装饰了大门,又是一件独一无二的艺术品,发扬书法之乡的文化内涵、崇尚书法艺术、传承书法艺术文化的移民安置点特色、氛围浓厚。移民安置点内的绿化,几千棵淡竹有致地布置在安置点中,也是一个特色,传承洛宁北国竹乡美誉,为北国竹乡增光添彩。

(5)统筹调度,凝聚合力。

具体工作中,洛宁抽水蓄能项目指挥部代表县委、县人民政府充分发挥统筹调度职能,使各方面汇聚形成了推进工作的强大合力,有力支持了项目各项工作的快速推进。指挥部、管理处、涧口乡人民政府、洛宁公司、征地移民综合监理部、移民中南院移民综合设代处、国土资源局、林业局等主要工作专班成员均明确专职人员,驻扎项目一线,坚持有征地任务时,保持日碰头、周例会制度,当日事,当日毕,项目推进中遇到的问题协商解决办法,形成意见后各自分头落实,大家能心往一处想、劲往一处使,形成了项目推进的强大合力,同时,通过县委、县人民政府主要领导的呼吁、争取,也使该项目得到了省、市主要领导的关注和支持。工作合力的形成,极大加快了各项工作进度。

4.5　移民档案收集与管理

4.5.1　档案管理内容

档案管理的主要内容为:移民安置前期工作、移民安置实施工作、水库移民后期扶持工作、移民工作管理监督、移民资金财务管理等。

4.5.2　档案管理特点与分析

洛宁抽水蓄能电站管理处严格依照《中华人民共和国档案法》和《水利水电工程移民档案管理办法》等要求,结合工程实际,出台了一系列档案管理办法,如《洛宁抽水蓄能电站征地档案管理办法》(宁蓄〔2017〕2号)。在征地移民安置过程中收集和保存移民工作有价值的文字、图表、声像等不同形式和载体的移民档案资料。建设了与移民档案工作任务相适应的、符合规范要求的档案库房,配置了档案柜、档案盒、空调、计算机、灭火器等必要的档案装具和设施设备,配备了专门档案管理人员。建立了档案库房管理制度,采取了防火、防盗、防水、防潮、防有害生物等措施做好防护工作,确保档案实体安全和信息安全。

洛宁抽水蓄能电站管理处建立了综合档案、专项档案和移民分户档案,以户为单位建立搬迁安置档案。邀请县档案局和档案专家对洛宁抽水蓄能电站工程征地移民安置档案进行指导,确保档案资料收集齐全,内容完整,保持文件资料之间的有机联系。

截至安置验收,2021 年 8 月,经过收集和分类整理,共形成档案 238 卷。其中,综合类 27 卷,安置类 128 卷,专项类 13 卷,资金类 3 卷,库底清理类 1 卷,照片影像资料 2 卷(相册 1 册 30 张,移动硬盘 1 个 496 G),会计档案 64 卷。

总的来看,洛宁档案管理制度较为健全,档案管理人员专人专职,设施、设备比较专业,资料收集齐全,管理较为规范。

4.6　移民资金使用与管理

4.6.1　资金使用与管理模式

县人民政府对征地移民资金管理高度重视,由洛宁洛宁抽水蓄能电站管理处对移民资金的使用管理,专款专用、专户管理。洛宁抽水蓄能电站管理处根据有关移民资金使用的管理办法和要求,制定了《洛宁抽水蓄能电站征地移民资金管理制度》。所有移民项目资金使用以《移民安置规划报告》和政府印发的实施方案为基本依据,移民个人的各项补偿补助费用分户统计、审核,由洛宁洛宁抽水蓄能电站管理处直接全额兑付给移民个人;集体补偿资金由洛宁洛宁抽水蓄能电站管理处按照补偿清单经乡镇拨付至村集体,其补偿资金分配由全体村民根据村民委员会组织法,按照"四议两公开"的办法报经镇人民政府核准分配使用;专业项目按照工程建设基本程序,通信和电力包干行业部门完成后支付专项资金,安置点基础设施和交通专业项目严格按照工程建设基本程序要求和合同根据进度支付移民专项资金;移民资金的使用按河南省移民资金管理办法执行。资金管理由县财政局和审计局按照有关资金管理办法监督管理。

移民资金的拨入管理严格按照包干协议的有关约定执行,洛宁公司对资金计划均认真负责地进行审查,严格控制资金拨付流程,有效地促进工程进度计划的实现,满足主体工程各阶段计划顺利进行。

4.6.2　资金使用与管理特点及分析

为加强资金安全管理、防范资金风险,规范资金支付审批流程、明确审批权限,根据《国家电网公司资金安全管理办法》[国网(财/2)346—2014]、《国家电网公司报销管理办法》国网[(财/2)194—2014],结合河南洛宁抽水蓄能有限公司筹建处实际情况,编制了《河南洛宁抽水蓄能有限公司筹建处资金支付执行手册》[(财)Z002—2016]等,规范资金使用。建设财务队伍,配备具有经验的专职财会人员,负责移民资金核算管理。开发财务软件,根据洛宁项目的具体特点,在移民监理的指导下开发了移民资金管理软件,实现了移民资金管理电算化,满足了投资完成情况的及时、准确、规范反映,提高了移民资金管理工作水平。

4.7 移民验收程序与管理

4.7.1 验收与管理模式及内容

河南洛宁抽水蓄能电站工程蓄水阶段征地移民安置验收工作由河南省水利厅(省移民办公室)组织,并成立了由河南省水利厅(省移民办公室)、洛阳市人民政府、洛宁县人民政府、项目法人、综合设计、综合监理、独立评估等单位组成的验收委员会。验收分为技术预验收和行政验收两个阶段。

第一阶段:技术预验收,专家组分别对农村移民安置、专业项目处理、资金使用管理、档案管理等进行检查,形成验收意见。

第二阶段:行政验收,验收委员会现场检查工程建设、移民搬迁安置情况,并听取洛宁县人民政府、项目法人、综合设计、综合监理、独立评估及技术预验收专家组的汇报,形成蓄水阶段征地移民安置省级终验报告。

4.7.2 验收与管理特点与分析

洛宁抽水蓄能电站工程蓄水阶段征地移民安置验收分为两级,县市级自验和省级终验。在县市级自验的基础上,进行省级终验。由河南省水利厅(省移民办公室)组织并成立验收委员会。验收委员会成立专家组,开展验收检查与评价工作,召开验收技术会议,提出专家验收意见。然后召开验收工作会议,验收委员会听取各单位及专家组工作情况汇报,进行评议,最终形成和通过蓄水阶段征地移民安置验收报告。

洛宁抽水蓄能电站工程蓄水阶段征地移民安置验收,结合工程实际情况进行了程序优化,节省了人力资源与时间成本,获得了一致的好评,可为其他水电工程提供借鉴。

4.8 技术服务机构工作与管理

4.8.1 技术服务机构与管理模式

根据工作需要,成立了洛宁抽水蓄能工程建设征地与移民安置独立评估项目部,任命了独立评估项目部负责人即总评估工程师,并按照洛宁洛宁抽水蓄能电站管理处的要求于2018年9月16日正式开展独立评估相关工作。项目部设监测评估总负责人1名;监测评估师4名,协助总负责人开展监测评估的各项工作;根据本项目的实际需要,由具有丰富的移民安置监测评估实际工作经验的监评工程师担任负责人,项目组总人数3~6人。另有专家咨询组随时为项目组遇到的问题提供技术支撑。

4.8.2 技术服务机构与管理特点及分析

独立评估工作主要内容包括建立本底,监测跟踪自2018年以来移民的生产生活水平恢复、区域社会经济发展、移民权益实现、实施管理四个方面,建立赋分权重的指标体

系,并对指标进行监测和分析评估。工作方式与特点如下:

（1）资料收集。收集与本项目有关的各种文献资料,主要收集本项目的移民安置规划、移民监理报告、县乡国民经济和社会发展情况资料,为年度评估提供必要数据。累计收集各类报告60余个。

（2）座谈。通过与县移民实施管理机构进行座谈,了解移民安置规划实施程度和安置情况,实施中的主要问题和处理情况及实施中的经验和教训;召开移民代表座谈会,了解移民安置前后群众生产生活条件变化情况、移民群众对移民工作的意见和建议。开展移民独立评估座谈20余次。

（3）入户访谈。主要了解移民家庭基本情况,搬迁后移民生产生活水平恢复评价内容的收支水平、住房条件、生产与就业、基础设施条件、社区服务水平、社会环境适应性等。对样本户开展入户访谈200余人次。

（4）实地查勘。通过实地查勘,了解工程征地与移民安置规划实施进度、效果,发现实施中存在或潜在的问题;了解移民安置点建设及移民搬迁入住情况、移民生产条件配置情况等。实地现场查勘了移民安置、搬迁、入住及移民生产安置情况等,专业项目每期调查时现场关注进度、质量等情况。

（5）抽样调查。对工程征地与移民安置涉及的村、移民户,抽取一定样本进行调查,通过样本分析推断整体情况。

（6）典型个案调查。通过对典型户、典型项目和移民安置点进行调查及分析,了解征地与移民安置过程的典型问题及其解决方案。调查典型个案4个。

4.9 实施管理综合评价

4.9.1 移民搬迁安置实施完成情况

涉及搬迁安置的32户98人(含3户财产户)已全部完成移民搬迁安置工作,全部签订搬迁安置协议并拆除房屋,移民个人房屋及附属物补偿费、移民搬迁补助费、过渡期生活费及搬迁奖励等资金已直接全额兑付至移民个人。

桃花苑移民新村安置点2017年3月31日开工。移民搬迁生活安置房屋建设采用集中安置、房屋统建方式进行,安置点位于涧口乡人民政府附近涧口村境内,神灵路路西,距离桃花苑社区50 m,总占地14.7亩,32户移民安置房屋全部为2层砖混结构的单门独院,建筑面积6 267 m^3,设置$1^\#$和$2^\#$两个商业门面房,建筑面积853 m^2,安置点配套建设村委、卫生室等设施。

县长和有关领导多次到移民安置点检查安置点建设情况,洛宁县委、县人民政府对洛宁抽水蓄能项目高度重视,加大力度推进移民安置点建设。移民安置点房屋32户和$1^\#$、$2^\#$两个商业门面房、村委会等工程已全面完成。洛宁抽水蓄能电站管理处组织政府质量监督机构、设计、勘察、施工、监理等相关单位对河南洛宁抽水蓄能电站移民新村$1^\#$、$2^\#$两个商业门面房、32户房屋进行竣工验收,验收合格。村委会和卫生室已移交移民村启用,村委会办公室已搬迁入驻,正常办公。

移民安置点供水、排水及主支街道基础等设施建设已完成;安置点供电采用地下电缆沟敷设方式已完成;安置点供水水井已实施完成,供水设备设施已安装完成;10 kV 电力线路和变压器已安装到位;各项基础设施建设已竣工验收。

洛宁抽水蓄能电站管理处组织公检法、公证处、洞口乡人民政府、移民设代、监理等相关单位召开移民搬迁安置房屋分配(选购)会议,采用两次摇号制进行房屋分配,并公示选房结果,搬迁移民已全部完成选房、搬迁入住等工作。已全部搬迁入住新居。

移民搬迁安置前后对比见图 4-1。

(a)移民安置前

(b)移民安置后

图 4-1　移民搬迁安置前后对比

4.9.2　移民生产安置实施情况

经洛宁管理处和洞口乡人民政府协调鳔池村与砚凹村村民小组,移民生产安置调剂用地已完成,生产安置人口 92 人,共调剂生产用地 68.68 亩,其中耕地 61.98 亩,安置点复合安置门面房配套用地 6.7 亩。移民安置集体土地权属调整协议书签订齐全,土地补偿款、地上附着物和青苗等补偿款已由县、乡人民政府从鳔池村原集体土地补偿款中划扣并拨付至砚凹村集体账户。移民各户生产安置土地已分配到户,土地已正常耕种。

4.9.3　土地征收征用实施情况

工程自 2018 年启动第一批征地工作,至 2020 年完成了全部的工程计划永久占地征收和临时用地的征用,工程建设征地主要涉及 6 个村,累计征收土地 4 929.68 亩,其中永久征地 3 446.87 亩,临时用地 1 482.81 亩。按照工程建设用土地性质统计,累计完成征地 4 929.68 亩。

4.9.4　专业项目处理完成情况

洛宁抽水蓄能电站工程建设征地影响道路、电力、通信等专业项目。道路、电力和通信在不影响系统正常运行的情况下,就近接线,不考虑回收价值。

4.9.4.1　交通恢复专项

复建刘后坡至坳子石坑机耕道路和通风沟至鳔池村对外连接道路。交通迁建专项于 2019 年 11 月挂网招标,同年 12 月开标,交桩仪式及技术交底会在 2019 年 12 月 21 日举行,分 2 个标段组织工程施工,道路已全线贯通,主体工程已完工。

4.9.4.2　通信和电力线路迁移项目

通信和电力线路迁移项目,计划按照行业部门的管理,实行包干补偿和迁建的方式实施,已完成迁建。

完成 10 kV 电力线路迁建 2 km,400 V 电力线路 750 m,安置点箱式变压器 100 kVA 1 台。

通信线路完成上库通信线路迁建 1.3 km,安置点通信线路 400 m。

4.9.4.3　供水工程

水利渠道幸福渠迁建因业主营地征地范围调整迁建方案需要调整,业主营地开工建设时已由项目法人委托工程建设单位完成临时保通措施,待业主营地工程施工建设基本完成后由洛宁抽水蓄能电站管理处组织具体迁建实施设计,待实施。保通供水线路实施 1.3 km。

安置点新建 200 m 深供水水井 1 眼,供水设施 1 套。

4.9.4.4　文物古迹发掘保护

文物发掘保护工作由河南洛宁抽水蓄能有限公司直接委托洛阳市文物考古研究院实施,自 2017 年 11 月签订协议并开展文物古迹发掘保护工作,至 2018 年 1 月完成相关工作并形成了《洛宁抽水蓄能电站项目考古工作报告》,河南省文物局于 2018 年 2 月以《河南省文物局关于河南洛宁抽水蓄能电站项目文物保护工作的函》(豫文物函〔2018〕3 号)明确工程涉及有关文物保护工作已经完成,同意工程施工。

4.9.5　移民后期扶持政策落实情况

根据《移民条例》《国务院关于完善大中型水库移民后期扶持政策的意见》(国发〔2006〕17 号)及河南省有关移民后期扶持相关政策的办法,搬迁安置移民后期扶持人口核定和申报工作已完成,由洛宁抽水蓄能电站管理处于 2021 年 1 月 10 日以宁蓄〔2021〕3 号文件上报,2021 年 5 月水利部以水移民函〔2021〕61 号核定电站移民后期扶持核定人口 222 人,其中搬迁安置 98 人(其中 92 人既搬迁安置又生产安置),生产安置 124 人。

4.9.6　库底清理实施完成情况

项目涉及库底清理量较小,按照库底清理要求,洛宁抽水蓄能电站水库库底清理陆地总面积共计 809.77 亩。其中,林木清理涉及园地 786.85 亩,零星树木清理 256 株,易漂浮物清理 346.68 m³;卫生清理中一般污染源涉及粪便清掏 233.6 m³,固体废弃物开挖

15 m,坑穴消毒 492.84 m²,坑穴覆土 248.6 m³,坟墓清理 26 座,灭鼠 1 364 堆;建(构)筑物拆除与清理中建筑物拆除与清理 1 732.22 m²,构筑物拆除与清理中涉及围墙 32.62 m²,易漂浮物清理 567.64 m³;秸秆清理对象为耕地上的秸秆及库区移民家中的柴木和秸秆,清理量为 60.7 m³;其他清理涉及陆地面积 809.77 亩。

2021 年 6 月 18—20 日,在洛宁召开了洛宁抽水蓄能电站工程库底清理验收会议,库区建筑物清理、卫生清理和林木清理符合规范设计要求,通过库底清理验收,验收意见于 6 月 21 日由县移民工作领导小组以宁蓄〔2021〕5 号文件印发。

4.9.7　设计变更处理情况

4.9.7.1　工程建设用地范围调整

根据《河南省洛宁抽水蓄能电站建设征地移民安置规划报告》,洛宁抽水蓄能电站工程建设征地总面积为 5 208.89 亩,其中永久征收面积 3 626.75 亩,临时征用面积 1 582.14 亩。

洛宁抽水蓄能电站工程布置在可研审定的基础上进行了优化调整,其建设征地红线范围作了相应调整。根据《河南洛宁抽水蓄能电站项目勘测定界技术报告》及工程建设用地需求等文件,洛宁抽水蓄能电站工程实施阶段建设征地总面积为 4 929.68 亩,其中永久征收面积 3 446.87 亩,临时征用面积 1 482.81 亩。

建设征地范围调整,实物指标数量较可研阶段发生了变化,为了准确反映建设征地范围内实物指标量,经县人民政府、洛宁公司、移民监理及移民设代研究决定实施阶段对建设征地范围内实物指标全面复核调查。

4.9.7.2　砚凹村生产道路

实施阶段,洛宁抽水蓄能电站工程优化调整,砚凹村生产生活道路因业主营地建设布置发生调整影响,结合移民生产和出行的需要,需对生产道路合理规划并复建。

2018 年 9 月,洛宁抽水蓄能电站管理处组织项目业主、综合监理、综合设计等单位通过现场查勘,砚凹村生产道路规划为:复建长度 750 m;生产道路宽度 5 m,水泥路面厚度 20 cm。

根据国家及河南省公路工程相关定额、基础单价进行概算编制;经综合分析测算总费用为 57 万元。

4.9.7.3　砚凹村幸福渠道复建

规划幸福渠复建方案因业主营地建设用地范围调整影响规模发生变化。根据《河南洛宁抽水蓄能电站建设征地移民搬迁安置工作协调会议纪要》(纪要〔2018〕1 号)的要求,由洛宁公司对砚凹村幸福渠道实行临时保通措施,费用由洛宁公司从工程建设费列支,待业主营地建设基本完成并具备砚凹村幸福渠复建条件后,由洛宁抽水蓄能电站管理处组织设计单位开展方案设计和实施工作并履行设计变更程序。

4.9.8　移民实施效果及社会稳定情况

4.9.8.1　实施效果

洛宁抽水蓄能电站工程建设用地的征收征用工作已按照工程建设需求和相关补偿标准,完成了补偿资金兑付,建设用地手续齐全计划征收征用的永久和临时用地已完成,并移交工程建设使用。

移民搬迁安置工作已全部完成,洛宁村安置点建设与美丽乡村建设相结合,达到了美化、亮化要求,文教卫等社会服务设施配套齐全,移民居住条件和生活环境良好。移民在搬迁后的生活环境及交通条件都得到了极大的改善,移民新居外形美观大方,结构科学,设计人性化,其通风采光条件大大优于库区的原有住房,新村的对外交通道路和安置点内部街道全部硬化并完善了标识、标线,交通便利,同时水、电、路及有线电视、通信等基础设施已全部完善,远远超过了搬迁前的原有水准。

搬迁安置移民生产已经按照规划标准完成划拨,调整到位,且已分配到户,农业生产已经得到恢复,门面房已建设完成并移交移民村,已发挥一定经济效益,生产安置措施已得到落实。

蓄水阶段影响的专项设施迁建已基本完成,库底清理工作已按照要求完成并通过验收。按照大中型水库移民后期扶持政策,搬迁安置人口和生产安置人口已完成核定和上报。

4.9.8.2　社会稳定情况

为顺利实现"搬得出、稳得住、逐步能致富"的移民搬迁安置工作目标,洛宁县委、县人民政府及涧口乡人民政府高度重视维稳工作,在移民安置实施工作过程中不断加强移民政策宣传,研究制定和宣传解释工作,加强信访接待工作,将移民关切的问题做在前面,一发现矛盾,及时进行处理、协调,把矛盾化解在萌芽状态。

县人民政府设置了多种移民意见申诉渠道,涧口乡、移民村委会安排了专职人员负责政策及相关信息的传达、移民安置有关问题的收集等事项,村级组织机构健全,工作得力,充分保障了移民的知情权、参与权、申诉权等合法权利,由于信息公开透明,移民申诉的问题大部分能得到有效处理,未发生过大规模上访、闹访事件。移民区及移民安置区生产生活稳定,移民对新的生活环境逐步适应,移民满意度达到95%以上。

第 5 章　新时代抽水蓄能电站移民安置政策理论体系

5.1　建设征地移民安置管理理论体系

　　工程建设征地与移民安置问题不仅是实践问题,也是理论问题。多年来,理论研究人员与实践工作人员围绕征地与移民安置过程中的重要理论与实践问题,紧密合作,进行了大量理论创新,有关理论通过实践活动得到进一步检验与深化,形成了理论与实践良性互动的局面,有力地促进了我国征地与移民安置理论与实践活动的发展。

　　新时代要做到建设征地移民安置工作的科学有效应对,同样要重视移民安置管理理论体系引领建设。在理论内涵上,要学习贯彻习近平新时代中国特色社会主义思想,把"以人民为中心"摆在核心位置上。党的十八大以来,以习近平同志为核心的党中央提出"创新、协调、绿色、开放、共享"的新发展理念,强调用新发展理念引领发展行动,新发展理念集中体现了新形势下中国的发展思路、发展方向、发展着力点,为破解水电工程建设与移民发展、后期扶持与监管、安置区建设的和谐发展提供了根本性的理论指引。根据国家的新发展理念,融合管理学、控制学、社会学、心理学、统计学、经济学及农业、环境和工程等学科,通过对 20 余个工程移民搬迁及安置情况的调查研究,经梳理并结合有关法律法规和研究成果,针对新时代社会发展特点及移民安置政策演变,提出如下理论及实践模式的研究成果。

5.1.1　移民可持续生计理论与方法

5.1.1.1　移民可持续生计的概念、范围和内容

　　"可持续生计"的概念最早见于 20 世纪 80 年代末世界环境和发展委员会的报告。1992 年,联合国环境和发展大会将此概念引入行动议程,主张把稳定的生计作为消除贫困的主要目标。1995 年,哥本哈根社会发展世界峰会和北京第四届世界妇女大会进一步强调了可持续生计对于减贫政策和发展计划的重要意义。可持续生计研究是近年来水库移民研究新拓展的领域,主要是围绕解决移民的可持续生计问题展开的。严登才等就水库建设对水库移民可持续生计的影响做了分析,认为搬迁导致移民物质资本、自然资本、人力资本、社会资本和金融资本受损;重建移民可持续生计需要建立移民社会保障体系,使移民有机会共享工程经济效益,对移民进行技能培训和资金支持,调动移民就业积极性和参与意识。

可持续生计是个人或家庭为改善长远的生活状况所拥有和获得的谋生的能力、资产和有收入的活动,可具体划分为人力资本、自然资本、物质资本、金融资本和社会资本。人力资本是指人们为了追求不同的生计策略和实现生计目标而拥有的技能、知识、劳动能力和健康等。自然资本指的是人们的生计所依靠的自然资源的储存和流动,包括生物多样性、可直接利用的资源(如土坡、树木等)及生态服务。物质资本包括维持生计所需要的基础设施及生产用具。金融资本主要指流动资金、储备资金及容易变现的等价物等。社会资本指各种社会资源,如社会关系网和社会组织(宗教组织、亲朋好友和家族等),包括垂直的(与上级或领导的关系)或横向的(具有共同利益的人)社会联系 5 种资本之间的内在关系及其对可持续生计的影响。可持续生计理论的基本观点是围绕以人为本、注重多方合作的整体性原则、多层次作用的动态性原则及可持续发展原则展开的。可持续生计方法是一种改进的、结构良好的评价分析方法,该方法可以体现出政策和制度变迁的过程和影响,更好地从微观层面诠释贫困与发展问题的内在关联机制。

随着近年来抽水蓄能电站的蓬勃发展,建设征地移民数量也越来越多,移民可持续生计发展也备受关注。在工程建设过程中形成的移民生计是否可持续,是关系到移民能否安居乐业、社会长远发展的根本,是水电事业发展的重要目标和根本保障。移民的可持续生计研究需要长期予以关注,相应评价模型与具体指标体系的构建及其实际运用还需要深入研究。

5.1.1.2　新时代抽水蓄能电站的需求及可持续发展生计体系建设

新时代,乡村振兴战略的实施对水库移民工作提出了高起点的规划要求,实现巩固拓展脱贫攻坚成果同乡村振兴有效衔接,提升移民的获得感、幸福感、安全感是当下时代的需求。目前国内外学者对移民可持续生计理论进行了一些研究,提出的生计资本测量、生计发展等模型与理论,为政府部门制定与完善移民可持续生计策略提供了重要参考。但是关于水库移民生计问题的研究理论支撑较为单一,研究视角较为分散,系统性的实证研究较为缺乏,需要通过系统化思维对水库移民家庭在搬迁安置全过程的生计与发展问题进行分析。从实践过程看,需要对移民可持续生计策略实施效果进行更全面深入的评估与分析,以便进一步完善移民可持续生计理论框架,具体见图 5-1。

根据可持续生计理论发展框架体系,开展了近十年来抽水蓄能电站移民安置实施情况调研可见表 5-1 及图 5-2,2010 年浙江仙居抽水蓄能电站规划设计农业安置 100%,实施农业安置 100%;2014 年河南天池抽水蓄能电站、重庆蟠龙抽水蓄能电站规划设计农业安置分别为 98.74%、11.55%,实施农业安置分别为 98.64%、11.55%;福建厦门(2016年)、湖南平江(2017 年)抽水蓄能电站规划设计农业安置分别为 37.40%、51.92%,实施农业安置均为 0。

可见,随着经济社会的发展,以农业安置为主的传统安置方式正逐渐减少,货币补偿、自谋职业、养老保障等安置方式逐渐成为主流安置方式。安置方式突出显示了新时代"以人为本,尊重移民意愿,重视移民诉求"的特点。

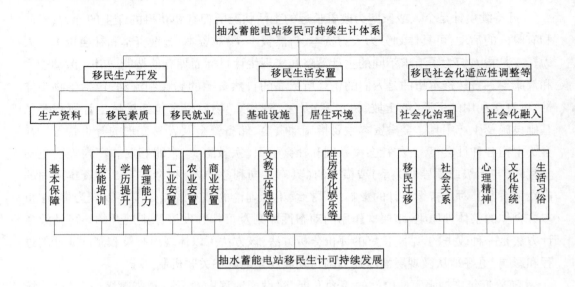

图 5-1　新时代抽水蓄能电站建设征地和移民安置可持续生计体系

新时代移民的目标,是不仅要保障移民的生存权,更要实现他们的发展权,即保障他们有可持续生计资本。对于目前一次性货币补偿、自谋职业、养老保障等主流安置方式,可分别从适当提高补偿力度、加大职业技能培训和职业教育、加强社会保障和医疗保险救助等方面入手,促进可持续生计发展。

5.1.1.3　可持续生计发展策略探索

基于抽水蓄能电站建设征地和移民安置可持续生计体系的内容与范围,结合可持续生计理论和新时代需求,以优化人力资本、自然资本、物质资本、金融资本和社会资本为着力点,建设征地移民可持续生计发展可从以下几个方面进行完善。

(1)以更好地改善移民生产和生活条件为本,结合当地情况,多样化安置。

移民安置模式的选择对于移民安置工作的成败至关重要。征地与移民管理部门应在认真调研、征求移民意愿的基础上(以人为本),结合工程和当地实际情况,选择适宜的移民安置模式。对于以土为本、以大农业为主的移民安置,应该把移民安置和现代农业发展结合起来,保证移民区高速、可持续发展。在生产安置方面主要采取调整土地加货币补偿的安置方式,使移民生产条件能够快速得到恢复与改善,并实现可持续发展。如增加农业投入,发展现代农业,提高土地多样化产出;发展特色养殖,实行经济林木或经济作物的规模化种植。对于以城镇化安置的移民,保证移民能在城镇有长期稳定的收入来源,可以通过制定相关政策,"促就业,保收入",保证移民在城镇的长远生计,获得长期稳定的收入或职业。如将移民安置点建设与新农村、幸福美丽家园建设相结合,与城镇化建设相结合,与旅游产业发展相结合,帮助库区移民发展第三产业,通过示范效益逐步扩大生产规模,打造库区后续产业发展链,提高库区移民的收入水平。

表 5-1　抽水蓄能电站建设征地和移民生产安置方式统计表

序号	电站名称	核准时间	规划设计阶段			实施阶段			说明
			安置方式	人数/人	安置方式所占比例/%	安置方式	人数/人	安置方式所占比例/%	
1	浙江仙居	2010	农业安置	845	100	农业安置	845	100	
2	河南天池	2014	农业安置	548	98.74	农业安置	507	98.64	
			投亲靠友	7	1.26	投亲靠友	7	1.36	
3	重庆蟠龙	2014	农业安置	59	11.55	农业安置	59	11.55	
			农转非安置	452	88.45	农转非安置	452	88.45	
4	福建厦门	2016	农业安置	155	37.4	有土安置	0	0	
			第二、三产业安置	188	45.4	货币补偿与养老保险相结合	100	100	
			养老保险安置	71	17.2				
5	湖南平江	2017	农业安置	355	51.82	农业安置	0	0	
			一次性货币补偿	16	2.34	一次性货币补偿	565	82.48	
			自谋职业	212	30.95	自谋职业	120	17.52	
			养老保障	102	14.89	养老保障	0	0	
6	河南洛宁	2017	农业安置	124	57.41	农业安置	124	57.41	
			复合安置	92	42.59	复合安置	92	42.59	

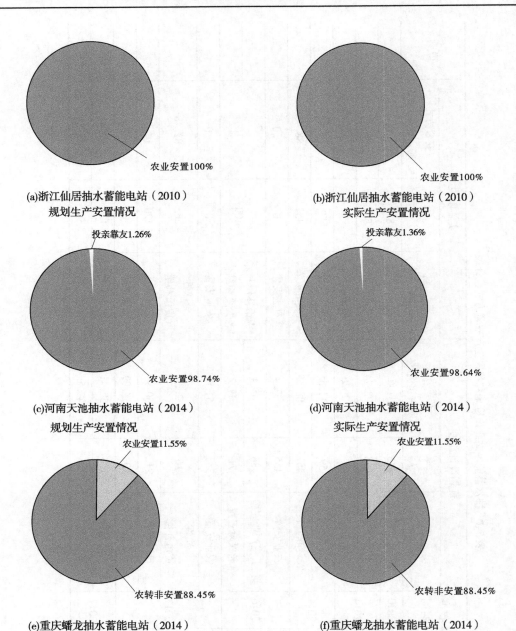

农业安置100%

(a)浙江仙居抽水蓄能电站（2010）
规划生产安置情况

农业安置100%

(b)浙江仙居抽水蓄能电站（2010）
实际生产安置情况

投亲靠友1.26%

农业安置98.74%

(c)河南天池抽水蓄能电站（2014）
规划生产安置情况

投亲靠友1.36%

农业安置98.64%

(d)河南天池抽水蓄能电站（2014）
实际生产安置情况

农业安置11.55%

农转非安置88.45%

(e)重庆蟠龙抽水蓄能电站（2014）
规划生产安置情况

农业安置11.55%

农转非安置88.45%

(f)重庆蟠龙抽水蓄能电站（2014）
实际生产安置情况

图 5-2　抽水蓄能电站建设征地和移民生产安置方式统计图

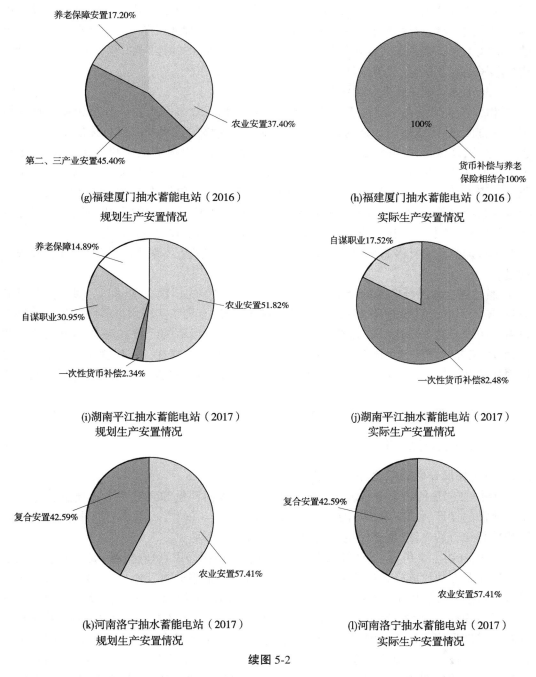

(g)福建厦门抽水蓄能电站（2016）
规划生产安置情况

(h)福建厦门抽水蓄能电站（2016）
实际生产安置情况

(i)湖南平江抽水蓄能电站（2017）
规划生产安置情况

(j)湖南平江抽水蓄能电站（2017）
实际生产安置情况

(k)河南洛宁抽水蓄能电站（2017）
规划生产安置情况

(l)河南洛宁抽水蓄能电站（2017）
实际生产安置情况

续图 5-2

（2）积极探索农民职业培训、专业化职业培训、培训和教学相结合的模式,以促进水电移民个人生计能力的提高,增加移民的就业机会。

现阶段,高知识、高技术人才对推动地方经济发展具有重要的作用,在经济社会发展中成为重要的资源。然而,农村地区的人力资本更为贫瘠,所以需要定向对库区移民开展技术培训及进行再教育,不断完善库区移民的知识技能结构,提高其人力资本的质量,对库区移民的持续生计具有积极作用。就政府层面而言,可以通过开设农民培训班及夜校等多种形式,有针对性地组织移民农户参加,以提升农户谋生的能力,增强农户就业和再就业的能力和机会。通过就业培训、农民职业化培训等方式可以丰富移民的生计多样性,增加移民的就业机会,改善生计状况。

(3)加强对相关产业化组织的宣传和引导。

相关产业组织在一定程度上可以为农户提供相对较多的产业信息及相关的技术培训。一方面,该组织通过加强内部的沟通交流为库区移民了解外部信息提供了渠道和平台,基于此,库区移民同时也可以获取对自己有用的信息以谋求最大利益,继而在一定程度上提升其持续生计水平;另一方面,通过加入相关产业组织,也为加入的成员提供了积累社会资本的方式。所以,政府不仅要加大向库区移民宣传相关产业组织的力度,更要引导这些社会经济组织或者其他合法团体充分发挥其作用,为农户加入社会经济组织提供保障和解决后顾之忧,让农户积累更多的社会资源,以利于农户生计选择。

(4)加强移民社区基础设施建设,完善移民区医疗卫生体系建设,提升内部公共服务质量。

通过强化移民社区基础设施的建设,可以提升移民的物质资本;同时,提升公共服务质量,使农民享受更多教育、医疗、卫生等领域的服务,有利于实现水电移民生计的可持续发展。医疗卫生体系建设的完善程度在一定程度上与当地的经济发展具有很强的关联性,同时完善的医疗卫生体系可以减少外地就医的费用,这样在一定程度上缓解了库区移民因病致贫的影响。所以,当地人民政府需要进一步完善移民区的医疗卫生,促进其持续生计。

(5)积极引导现代农业和第三产业发展。

5.1.2　移民补偿理论与方法

5.1.2.1　移民补偿的概念、范围和内容

移民补偿是指给予由库区迁出的居民对原有实物补偿和到安置区重新进行生产和生活所需的搬迁、住房建造及生产建设等有关的补偿。补偿方式采取前期补偿、补助与后期扶持相结合的办法,使移民生活达到或者超过原有水平。

移民补偿主要包括:土地补偿费、安置补助费,农村居民点迁建、城(集)镇迁建、工矿企业迁建及专项设施迁建或者复建补偿费(含有关地上附着物补偿费),移民个人财产补偿费(含地上附着物和青苗补偿费)和搬迁费等。移民补偿和安置标准《移民条例》中也进行了明确规定:大中型水利水电工程建设征收土地的土地补偿费和安置补助费,实行与铁路等基础设施项目用地同等补偿标准,按照被征收土地所在省、自治区、直辖市规定的标准执行。被征收土地上的零星树木、青苗等补偿标准,按照被征收土地所在省、自治区、直辖市规定的标准执行。被征收土地上的附着建筑物按照其原规模、原标准或者恢复原功能的原则补偿;对补偿费用不足以修建基本用房的贫困移民,应当给予适当补助。

5.1.2.2　新时代抽水蓄能电站的需求及补偿体系建设

《移民条例》给出的"被征收土地上的附着建筑物按照其原规模、原标准或者恢复原功能的原则补偿"的"三原"原则,在新时代背景需求下,移民安置点的基础设施和公益设施建设、集镇迁建和专项设施处理补偿等远不能满足新农村建设和城镇化发展的要求。要想成功安置移民,并不是单纯地搬迁到新地点、给予安置补偿,而是坚定不移地走移民可持续发展的道路,提升安置区移民的生产生活能力,促进安置区经济社会的发展,提高安置区移民的生活质量。在具体补偿与安置工作中应结合各地容量及实际情况采用适当的安置方式,合理规划安置方向、安置行业及项目等,与当地其他生产行业相结合,统筹规划,最大程度上降低经济及人民生活的损失。

根据建设征地移民补偿安置的实际情况,构建新时代抽水蓄能电站建设征地和移民安置实施阶段补偿体系框架(具体见图 5-3),作为移民补偿理论的分析工具。在补偿安置理论分析框架中,补偿安置分为三个方面,即补偿安置内容、补偿安置方式、补偿安置标准。其中,补偿安置内容主要包括移民生产补偿、移民生活补偿、土地附属物补偿等;补偿安置方式主要包括土地补偿、实物补偿、货币补偿、生活补助、综合补偿;补偿安置标准主要包括耕地、经济林地、房屋等补偿原则和依据等。新时期水库移民政策的安置模式、补偿方式、政策形式都呈现出新的特征,安置模式从补偿性向开发性转变,移民补偿方式从单一化向多元化转变,政策形式从行政命令向制度规范转变。

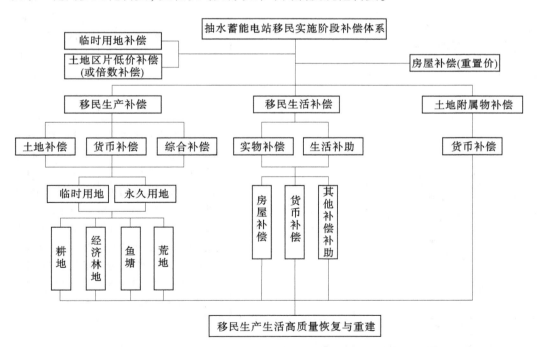

图 5-3　新时代抽水蓄能电站建设征地和移民安置实施阶段补偿体系

根据调研情况(见表 5-2),征收土地补偿、征用土地补偿、房屋及附属物拆迁补偿、青苗和林木等附着物补偿的补偿原则和依据分别是以《移民条例》为基础,实行区片综合地价补偿,结合各地实际情况,因地制宜,执行当地标准。

表 5-2　抽水蓄能电站征地移民用地补偿标准

项目名称	征收土地补偿依据	征用土地补偿依据	房屋及附属物拆迁补偿依据	青苗和林木等附着物补偿依据
河南天池抽水蓄能电站	《河南省人民政府关于公布实施河南省征地区片综合地价标准的通知》(豫政〔2009〕87号)、《河南省人民政府关于调整河南省征地区片综合地价标准的通知》(豫政〔2013〕11号)、区片综合地价(根据国家政策上缴县人社局)	参考"征收土地补偿"标准	《河南天池抽水蓄能电站建设征地移民安置规划修编报告》(审定)中的补偿标准	按测算价格补偿
河北易县抽水蓄能电站	参照(冀政〔2015〕28号)文件确定的区片地价标准补偿	—	按测算价格补偿	青苗按《建设征地移民安置规划报告》中的补偿标准1 200元/亩执行;林木按测算单价补偿
河南洛宁抽水蓄能电站	《河南省人民政府关于调整河南省征地区片综合地价标准的通知》(豫政〔2016〕48号)	临时征用土地补偿单价按1 200元/(亩·年),土地恢复期补助费按1 200元/亩	拆迁房屋按照房屋重置价补偿; 附属物补偿标准依据《洛阳市人民政府办公室关于印发〈洛阳市国家建设征收集体土地地下附着物补偿标准〉的通知》(洛政办〔2013〕113号)和建设征地区实际情况	执行《洛阳市人民政府办公室关于印发〈洛阳市国家建设征收集体土地地下附着物补偿标准〉的通知》(洛政办〔2013〕113号)

注:表中信息来源于工作实施方案。

5.1.2.3　移民补偿策略及方法探索与分析

(1)补偿基本思路探索。

以绿色发展、可持续发展为原则,以提升移民生产生活能力,提高移民生活质量,促进经济社会的更好、更快发展为目标,从规划设计到实施阶段再到规划设计修编整个过程,应结合各地实际情况,科学谋划、合理补偿、妥善安置,统筹考虑当地发展规划,紧密结合当地生产行业,最大程度保障移民的生产和生活权利。

(2)土地、房屋及其他各类补偿标准。

结合当地经济发展现状,统筹考虑社会发展布局,在征求移民意愿的基础上,明确补偿安置内容、补偿安置方式、补偿安置标准,保障移民群众补偿权利得到有效的保护。按照省级人民政府的区片地价,公平合理补偿兑付;临时占地征用土地补偿费标准按各类征用土地亩产值乘以使用年限确定,也能使受临时占地影响的家庭得到合理补偿;房屋补偿(考虑装修)以房屋重置价标准进行补偿,确保移民能够获得不低于同等质量与面积的住房。

(3)参考已有的综合区片地价的合理土地征收补偿政策,积极采用调整系数进行土地补偿方法。

在抽水蓄能电站征地过程中,由于抽水蓄能电站工程选址的特殊性,电站占地的主要类型以林地、未利用地及少量耕地为主。征地补偿时,多数省份均按照该村的综合区片地价进行土地的征收补偿,地上附着物按照当地的标准实施,从对比补偿来分析,耕地补偿总价为"综合区片地价+青苗补偿",一般林地补偿总价为"综合区片地价+林木补偿",特别是灌木林(一般为未利用地),其补偿总价为"综合区片地价+灌木林补偿",明显地呈现"一般林地补偿总价">"灌木林补偿总价">"耕地补偿总价"的现象,由于如灌木林类的未利用地根本不产生经济效益,其补偿标准已大于耕地,显示公平合理性。在实践过程中,经常出现群众对该补偿存在较大质疑,且容易出现未利用的灌木林地权属纠纷等现象;同时从保护耕地、控制开发利用、保障群众合法权益等角度出发,建议抽水蓄能电站甚至水利水电工程等征地采取与山东省等个别省份的利用调整系数进行补偿的具体办法。比如耕地等基本农田采用 1.2 倍的综合区片地价补偿,未利用地如灌木林等采用 0.8 倍的综合区片地价补偿,能对项目占用耕地产生一定的有效保护,且符合现实客观的补偿理论和补偿实践的公平合理性。

5.1.3　移民实施管理理论与方法

5.1.3.1　移民实施管理基本概念与研究内容

移民实施管理主要是通过制定有效的管理体制与机制、利用规划设计、实施控制、监督评估等手段,使有限的移民资源发挥最大的效益,以便实现移民安置的目标。征地与移民安置过程是一个复杂的社会经济系统重建过程,各种复杂因素交织叠加对移民安置实施效果产生影响。

5.1.3.2　新时代移民实施管理体系建设

移民工作涉及广大的移民群众、项目管理、财务管理、工程技术等的方方面面,工作面广、难度大、强度高。移民工作人员不足,专业性不强。移民工作繁杂多变,多数移民干部专业单一,但是为了适应移民工作的要求,几乎所有工作人员都是身兼数职,但精通业务的人却很少,导致了移民工作不细致、漏洞较多,移民管理能力与管理体制不适应。

经调研,各抽水蓄能电站均遵循"政府领导、分级负责、县为基础、项目法人参与"的管理模式,但是他们之间如何协调、高效运转,以洛宁表现最为突出,政府精心全力组织实施征地移民工作,项目法人积极筹措移民资金,政府不用考虑移民资金筹措,项目法人不用担心征地移民工作,项目业主与政府建立了充分信任和相互理解的良好关系,移民实施管理工作得以高效运转。

　　基于《移民条例》规定的管理模式,借鉴已有的成功经验,结合各地实际情况,充分发挥各方优势,探索适合新时代的移民管理理论,对于新时代移民事业的持续健康发展,具有重要意义。

　　借鉴洛宁抽水蓄能电站的实施管理特点,结合新时代移民实施管理内涵,配备专职、专业化的人才队伍,充分考虑移民的意愿与诉求,在政府与项目法人的通力合作下,建立专业、高效的移民管理体系,提高实施机构运转效率,从而更好地协调相关利益主体之间的关系,顺利推进移民实施管理工作的高效运转。拟构建的新时代抽水蓄能电站移民管理体系见图5-4。

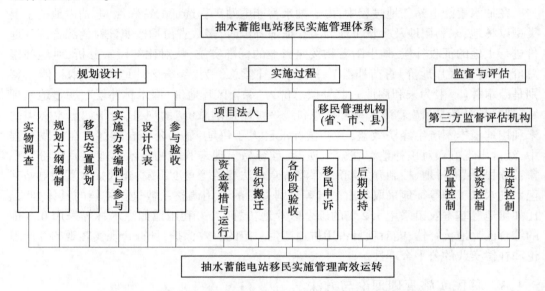

图5-4　新时代抽水蓄能电站建设征地和移民安置实施管理体系

5.1.3.3　新时代移民实施管理探索

　　(1)坚持"政府领导、分级负责、县为基础、项目法人参与"的管理体制。

　　移民安置工作实行"政府领导、分级负责、县为基础、项目法人参与"的管理体制。移民安置规划以资源环境承载能力为基础,遵循本地安置与异地安置、集中安置与分散安置、政府安置与移民自找门路安置相结合的原则。对农村移民安置进行规划,坚持以农业生产安置为主,遵循因地制宜、有利生产、方便生活、保护生态的原则,合理规划农村移民安置点;有条件的地方,可以结合小城镇建设进行。对城(集)镇移民安置进行规划,以城(集)镇现状为基础,节约用地,合理布局。

　　(2)转变工作理念和作风,坚持"以人为本"。

　　移民和工程建设都是水利水电工程的重要组成部分,两者相辅相成,不可偏废、不可顾此失彼。各级人民政府特别是移民主管部门要转变工作理念和作风,坚持"以人为本",坚决杜绝摒弃"重工程、轻移民"的错误认识,改变简单粗暴的行政方式。搬迁安置与后期扶持中注重建立与移民群体平等协商和沟通等机制,改变政府"全能型"的角色,提高移民的参与权与知情权,加大移民参与力度。

(3)通过制度化的信访机制建设,为移民申诉提供畅通的渠道。

通过加强信访工作机制建设,及时了解移民群众存在的诉求与抱怨,安排专人对被征迁户的投诉进行处理。变移民群众上访为信访工作组深入到乡村、群众家庭、田间地头进行下访,面对面进行沟通,详细讲解国家征地与移民安置政策,仔细听取各种疑问、抱怨与投诉,对潜在的问题与矛盾进行排查,及早采取预防措施加以解决,使问题与矛盾消灭在萌芽状态。促进了项目区的社会和谐稳定。

(4)提高移民的知情权、参与权和监督权。

移民实施机构坚持实行"公开、公平、公正"的原则,全过程实行阳光操作,以批复的征地移民安置规划和实施方案为依据,提高移民群众的知情权,移民选房方案、土地调整方案充分征求移民意愿,有效保障移民的参与权和知情权。针对移民群众"不患寡而患不均"的心理特点,不断加强政策宣传,增加移民工作的透明度,赢得移民群众的理解和支持。在征地与移民安置的各个环节,实行公开透明的民主参与机制。在实物指标调查和复核环节,做好政策宣传发动,保障移民参与全过程,对实物指标调查结果进行公示,由被移民户签字认可;在补偿资金兑付环节,补偿资金的信息向全体村民公示,由村民进行监督检查,征地与移民安置管理机构严格按照批复的实施规划和补偿补助清单,各有关乡镇人民政府按照计划从移民专户兑付到权属人,保证每个移民足额及时领到补偿资金。在补偿与安置的重大问题上,要及时发布信息,实行项目公开化,切实落实移民的监督权。

5.1.4　移民创新理论与方法

5.1.4.1　新时代移民创新理论概念、范围和内容

创新是指组织形成一创造性思想并将其转换为有用的产品、服务或作业方法的过程。也即在特定的时空条件下,通过计划、组织、指挥、协调、控制、反馈等手段,对系统所拥有的生物、非生物、资本、信息、能量等资源要素进行再优化配置,并实现人们新诉求的生物流、非生物流、资本流、信息流、能量流目标的活动。

结合新时代特征,抽水蓄能电站移民安置创新可以通过从移民源头——规划设计开始、以实施过程进行衔接创新具体操作、用监督与评估进行控制反馈三大过程中实现。

5.1.4.2　新时代移民安置创新体系

新时代把创新理念贯穿抽水电站移民安置工作的全过程,通过实践创新来解决工作中的问题;通过协调各方来处理好工程建设与移民安置、区域发展与后期扶持、简政放权与强化监管等方面的关系,达到各方共赢。主要分为以下几个方面。

1.规划设计方面

创新移民设计理念,坚持以"以人为本,人水和谐"的改善型社会民生工程为出发点,以"乡村振兴、助力精准脱贫"与"新农村建设、新型城镇化发展"相结合为助推剂,以倡导可持续性发展的能源富民工程为落脚点。

2. 管理体制方面

坚持"政府领导、分级负责、县为基础、项目法人参与"的管理体制,结合抽水蓄能电站工程征地移民安置的特点,以提高管理效率、减少管理层级、充分发挥县级人民政府的主体地位为原则,创新建设依法合规的高效管理体制。

3. 移民安置方面

坚持以"农业安置"为主,结合经济社会发展的需求,将移民安置与当地生态环境保护、地区经济社会发展、产业结构调整、生活生产条件改善、现代农业和城镇化发展等紧密结合,创新安置方式多样化或综合化。

4. 监督管理方面

创新完善移民工作全过程监督评估机制,优化移民工作监督评估,充分运用监督评估结果为移民工作整改与下一步规划设计提供前瞻性指导,为安置目标满意达成提供依据。

5.1.4.3　新时代移民创新模式探索

1. 移民补偿与安置模式的创新策略

现有安置方式传统的安置方式已经不能满足时代的需求,结合当地资源,取长补短、做好统筹安排,优化组合各种补偿方式相结合的多样化组合应用于移民补偿与安置,能够在减轻资金筹集压力的同时,为移民收入开拓新的路径,与地区经济发展相适应,优劣互补,减小资金来源缺口,保障移民基本生产与生活,为今后移民补偿与安置问题提供新的路径。

2. 移民管理体制与机制创新策略

抽水蓄能电站工程一般不涉及跨县征地移民工作,且县级人民政府是农村移民安置工作的工作主体、实施主体和责任主体,在上级人民政府及其移民安置管理机构的领导下,县级移民管理机构按照批准的移民安置规划和实施方案实施征地移民安置实施管理工作。结合"政府领导、分级负责、县为基础、项目法人参与"的管理体制,充分发挥县级人民政府的主体地位,突出县级人民政府在征地与农村移民安置管理工作中的基础地位,参照洛宁抽水蓄能的成功经验,构建独立办公的移民常设机构,创新建设依法合规的高效管理体制,对于移民工作的高效推进十分必要。

3. 移民社会治理创新策略

目前,移民社会治理面临着政府职能缺失、社区治理差、移民融合难和社会不稳定等问题,针对这些问题,建议移民社会治理创新采取转变政府职能、培育社会中介组织、创建新型社区治理体系、加强移民社会融合、建立社会风险预警机制等措施,提高移民社会治理水平和效能,完善共建共治共享的社会治理制度,不断增强人民群众的获得感、幸福感、安全感,促进人的全面发展和社会的全面进步。

4. 创新完善和发展移民区基础设施和公共服务

随着新时代水利水电工程经济建设进入高质量发展阶段,移民生活水平及各项公共服务水平明显提高,移民的获得感、幸福感、安全感亟须提升,移民生活水平高质量发展需求越发显著,创新完善和发展移民区基础设施和公共服务,满足移民在精神、健康、家庭、社会角色、物质、环境等不同层面的需求,在新时代移民安置发展进程中不可或缺。

5.2　政策法规的应用性

5.2.1　移民安置法律法规体系框架

新时代法治社会建设对水库移民工作提出了合法性和规范性的法律约束要求。随着《中华人民共和国民法典》《中华人民共和国土地管理法》《中华人民共和国水法》等水库移民工作重要上位法的颁布、修订与施行,对土地征收征用、移民安置补偿等依法办事、依法移民等方面都提出了具体要求,更加需要构建系统性、操作性更强的法律法规体系,充分发挥政策的引领作用。移民安置法律法规体系见图 5-5。

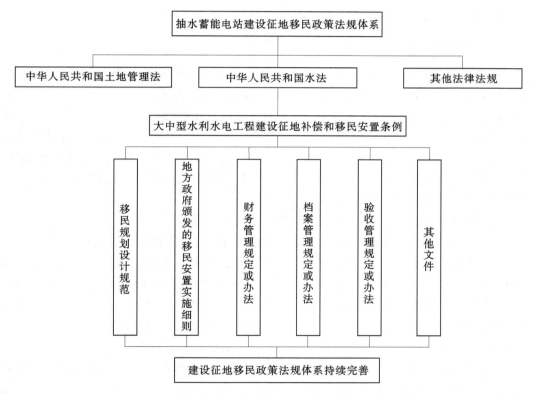

图 5-5　新时代抽水蓄能电站建设征地和移民安置法律法规体系

5.2.2　移民安置法律法规演变及特点分析

70 多年来,党中央、国务院历来高度重视水库移民工作,在不同时期结合实际制定了一系列的法律法规和政策措施,移民工作法治化、规范化、科学化水平不断提高。从移民重大政策变迁(出台)的时间跨度来看,1950—1978 年全国没有制定统一的水库移民法律法规和政策;1979—2005 年为移民安置的政策、方法的探索阶段;2006—2017 年主要实行开发性移民方针,着手解决水库移民遗留问题;2006—2017 年是移民工作具有里程碑意义的阶段,政策、法律体系的系统化、规范化;2018 年以来,主要突出"以人为本""以人民为中心"的发展理念,政策、法律体系不断健全、完善与丰富,并具有时代特征。

由表 5-3 可以看出,随着时代的变迁,我国征地制度改革在执行层面不断细化,在实施层面更加注重保护农民权益。移民的意愿越来越受到重视,移民的安置标准也越来越人性化,不仅仅局限于被征地农民原有生活水平不降低,更要移民的长远生计有保障。如2019 年新修订的《中华人民共和国土地管理法》首次对土地征收的公共利益进行了明确界定,同时首次明确了土地征收补偿的基本原则是保障被征地农民原有生活水平不降低,长远生计有保障,确定以区片综合地价取代原来的土地年产值倍数法补偿村民,增加了农村村民住宅补偿和社会保障费。2021 年 7 月出台的《中华人民共和国土地管理法实施条例》对被征地农民的知情权、参与权、监督权进一步进行了强调。

5.2.3　移民安置政策法规思考与建议

建设征地移民安置工作的根本,在于政策法规的设计与引领,为推动水电工程建设征地移民安置稳步向前发展,必须以健全的体制机制法治管理为保障。在具体的实施过程中,各省(区、市)需要结合当地规划如乡村振兴战略、全面统筹、合理拟定政策制度,积极构建移民政策制度和移民搬迁、经济补偿、安置管理的体制机制,促进相关法律法规更加成熟、完善,实现移民工作制度化、规范化、细节化的管理。结合新时代的时代特征,着眼于改善移民生活品质,提高社会建设水平,全面推进乡村振兴,推动绿色发展,促进人与自然和谐共生的发展需求,建议从以下几个方面入手。

(1)积极探索长效补偿机制,确保移民长远生计有保障。

当前移民补偿标准偏低,没有考虑移民的隐性损失,不能真实反映市场规律,加上后期扶持不到位,移民长远生计得不到保障,难以从工程建设中受益,移民的合理诉求也得不到保障。各级各地根据《移民条例》,结合市场经济条件,出台相应细则、指南或政策制度,参照市场价格指导移民补偿标准,给予合理的补偿,移民安置方式需要多元化,对有条件的地方,探索和推广移民长效补偿机制,使移民的长远生计得到保障。

(2)积极探索移民安置方式,推进移民生产生活高质量发展。

按照新时代高质量发展要求,把握各地发展的不平衡和差异性,探索促进水库移民发展的安置方式。当前大部分的移民安置仍是采取以土为本、以大农业为主的传统的安置方式,但是从长远来说,移民难以通过有土安置来脱贫致富,而且土地资源越来越匮乏,传统的农业安置面临着挑战,同时在城镇化的发展趋势下,移民农村安置区有可能面临城镇化改革,移民将经历再次搬迁,这既不利于移民生产生活水平的恢复,也不利于城镇化改革的进程。一方面将移民安置纳入当地社会发展的总体布局,与新农村建设、新型城镇化发展统筹考虑;另一方面加紧出台与《移民条例》和其他新的有关法律法规相衔接的结合当地实际情况的细则、指南或政策制度,为依法移民提供政策依据。

表 5-3　移民安置相关政策规法发展汇总

政策文件名称	发文单位	发布/修订时间	征地补偿相关内容	对比分析
《国家建设征用土地办法》	国务院	1958 年 1 月 6 日	征用土地的补偿费，由当地人民委员会同用地单位和被征用土地者共同评定。对一般土地，以它最近三年至四年的定产量的总值为标准	征用土地申请核拨程序，征用土地补偿或补助情况，安置方式、临时用地等进行了规定
《国家建设征用土地条例》	国务院	1982 年 5 月 14 日	1. 修改了补偿标准，征用耕地（包括菜地）补偿标准，为该耕地年产值的 3~6 倍，年产值按被征用前三年的平均年产量和国家规定的价格计算。 2. 明确了安置补助标准，征用耕地（包括菜地）的，每一个农业人口的安置补助费标准为该耕地每亩年产值的 2~3 倍	征用的土地归属权，征用土地的审批权限，征用土地补偿标准，安置补助费标准、安置途径等进行了规定
《中华人民共和国土地管理法》	全国人大常委会	1986 年 6 月 25 日	1. 征用耕地的补偿费，为该耕地被征用前三年平均年产值的 3~6 倍。 2. 每一个需要安置的农业人口的安置补助标准，为该耕地被征用前三年平均每亩年产值的 2~3 倍。但是，每亩被征用耕地的安置补助费，最高不得超过被征用前三年平均年产值的 10 倍。 3. 土地补偿费和安置补助费的总和不得超过土地被征用前三年平均年产值的 20 倍。 4. 大中型水利、水电工程建设征用土地的补偿标准和移民安置办法，由国务院另行规定	对土地的所有权和使用权、土地的利用和保护、国家建设用地、乡（镇）村建设用地等进行了规定。2019 年以前土地补偿和安置补助费均采用年产值倍数法补偿，2019 年首次对土地征收的公共利益进行了明确界定，同时首次明确了土地征收补偿的基本原则是保障被征地农民原有生活水平不降低，长远生计有保障，确定以区片综合地价代原来的土地年产值倍数法补偿标准和移民农村村民住宅补偿，增加了农村村民住宅补偿和社会保障费

续表 5-3

政策文件名称	发文单位	发布/修订时间	征地补偿相关内容	对比分析
		1988 年 12 月 29 日	1. 征用耕地的补偿费，为该耕地被征用前三年平均年产值的 3～6 倍。 2. 每一个需要安置的农业人口的安置补助费标准，为该耕地被征用前三年每亩平均年产值的 2～3 倍。但是，每亩被征用耕地的安置补助费，最高不得超过被征用前三年平均年产值的 10 倍。 3. 土地补偿费和安置补助费的总和不得超过土地被征用前三年平均年产值的 20 倍。 4. 大中型水利、水电工程建设征用土地的补偿标准和移民安置办法，由国务院另行规定	
《中华人民共和国土地管理法》	全国人大常委会	1998 年 8 月 29 日	1. 征收耕地的土地补偿费，为该耕地被征收前三年平均年产值的 6～10 倍。 2. 每一个需要安置的农业人口的安置补助费标准，为该耕地被征收前三年每亩平均年产值的 4～6 倍。但是，每公顷被征收耕地的安置补助费，最高不得超过征收前三年平均年产值的 15 倍。 3. 土地补偿费和安置补助费的总和不得超过土地被征收前三年平均年产值的 30 倍。 4. 大中型水利、水电工程建设征收土地的补偿标准和移民安置办法，由国务院另行规定	

续表 5-3

政策文件名称	发文单位	发布/修订时间	征地补偿相关内容	对比分析
		2004 年 8 月 28 日	1. 征收耕地的土地补偿费，为该耕地被征收前三年平均年产值的 6~10 倍。 2. 每一个需要安置的农业人口的安置补助标准，为该耕地被征收前三年平均年产值的 4~6 倍。但是，每公顷被征收耕地的安置补助费，最高不得超过被征收前三年平均年产值的 15 倍。 3. 土地补偿费和安置补助费的总和不得超过土地被征用前三年平均年产值的 30 倍。 4. 大中型水利水电工程建设征用土地的补偿标准和移民安置办法，由国务院另行规定。	
《中华人民共和国土地管理法》	全国人大常委会	2019 年 8 月 26 日	规范了征地程序。要求政府在征地之前开展土地状况调查，信息公示，还要与被征地农民协商，必要时组织召开听证会，跟农民签订协议后才能提出办理征地申请，办理征地的审批手续，强化了对农民利益的保护。在征地补偿方面，改变了以前以土地产值为标准进行补偿，实行按照区片综合地价进行补偿，区片综合地价除了考虑土地产值，还要考虑区位、当地经济社会发展状况等因素综合制定	

续表 5-3

政策文件名称	发文单位	发布/修订时间	征地补偿相关内容	对比分析
《中华人民共和国土地管理法实施条例》	国务院	2021 年 7 月 2 日	细化征收程序:增加征收土地预公告制度,明确土地现状调查,社会稳定风险评估作的要求;征收土地申请批准后,地方人民政府发布征收土地公告,公布征收范围、时间等具体工作安排,对个别未达成征地补偿安置协议的作出征地补偿安置决定,并依法组织实施。 规范征收补偿:规定地方人民政府应当落实土地补偿费等有关费用、保证足额到位,有关费用未足额到位的,不得批准征收土地。明确省、自治区、直辖市制定土地补偿费、安置补助费的分配办法。 强化风险管控:明确将社会稳定风险评估作为申请征收土地的重要依据,并对风险防范措施和处置预案作出规定。 保障被征地农民的知情权、参与权、监督权;要求社会稳定风险评估应当有被征地的农村集体经济组织及其成员、村民委员会和其他利害关系人参加;多数被征地的农村集体经济组织成员认为征收补偿安置方案不符合法律法规规定的,县级以上地方人民政府应当组织听证。 建设用地管理方面:明确建设用地使用要求,严格土地利用计划管理;完善临时用地规定	对土地征收制度和建设用地管理方面作了进一步充实和完善

续表 5-3

政策文件名称	发文单位	发布/修订时间	征地补偿相关内容	对比分析
《中华人民共和国水法》	全国人民代表大会常务委员会	1988 年 1 月 21 日	第二十三条　国家兴建水工程需要移民的,由地方人民政府负责妥善安排移民的生活和生产。安置移民所需的经费列入工程建设投资计划,并应当在建设阶段按计划完成移民安置工作	21 世纪后,国家对水工程建设基本实行开发性移民方针
《中华人民共和国水法》	全国人民代表大会常务委员会	2002 年 8 月 29 日	第二十九条　国家对水工程建设移民实行开发性移民的方针,按照前期补偿、补助与后期扶持相结合的原则,妥善安排移民的生产和生活,保护移民的合法权益	
		2009 年 8 月 27 日	第二十九条　国家对水工程建设移民实行开发性移民的方针,按照前期补偿、补助与后期扶持相结合的原则,妥善安排移民的生产和生活,保护移民的合法权益	
		2016 年 7 月 2 日	第二十九条　国家对水工程建设移民实行开发性移民的方针,按照前期补偿、补助与后期扶持相结合的原则,妥善安排移民的生产和生活,保护移民的合法权益	

续表 5-3

政策文件名称	发文单位	发布/修订时间	征地补偿相关内容	对比分析
《大中型水利水电工程建设征地补偿和移民安置条例》	国务院	1991 年 2 月 15 日	国家提倡和支持开发性移民，采取前期补偿、补助与后期生产扶持的办法。征用耕地的补偿费，为该耕地被征用前三年平均年产值的 3～4 倍；每一个需要安置的农业人口的安置补助费标准，为该耕地被征用前三年平均每亩年产值的 2～3 倍	由倍数补偿标准逐步提高到后来实行与铁路等基础设施项目用地同等补偿标准
		2006 年 7 月 7 日	国家实行开发性移民方针，采取前期补偿、补助与后期扶持相结合的方法，使用移民生活达到或者超过原有水平。大中型水利水电工程建设征收耕地的，土地补偿费和安置补助费之和为该耕地被征收前三年平均年产值的 16 倍	
		2013 年 12 月 7 日	国家实行开发性移民方针，采取前期补偿、补助与后期扶持相结合的办法，使用移民生活达到或者超过原有水平。大中型水利水电工程建设征收耕地的，土地补偿费和安置补助费之和为该耕地被征收前三年平均年产值的 16 倍	
《大中型水利水电工程建设征地补偿和移民安置条例》	国务院	2017 年 4 月 14 日	国家实行开发性移民方针，采取前期补偿、补助与后期扶持相结合的办法，使用移民生活达到或者超过原有水平。大中型水利水电工程建设征收土地的土地补偿费和安置补助费，实行与铁路等基础设施项目用地同等补偿标准，按照被征收土地所在省、自治区、直辖市规定的标准执行	

（3）移民规划设计方面。

水电工程的移民安置设计规范《移民条例》和该设计规范中的"三原"原则即原标准、原规模和恢复原功能的处理方式，已经与现阶段乡村振兴、产业发展等不相适应，由于受停建令等原因，项目建设征地范围内一定时期基础设施建设相对停滞或者暂缓，仍按照"三原"原则恢复建设，特别是抽水蓄能电站上下库占地区域，往往受地形和自然条件的限制，基础设施建设相对落后，采用低标准建设实际上是一种浪费资源的现象。该原则已经与七部委局联合发布的《关于做好水电开发利益共享工作的指导意见》（发改能源规〔2019〕439 号）的有关要求不相适应。

新时代的乡村振兴发展，在交通运输部及河南省等部委和省份已经明确加强基础设施建设、适度超前的建设投资方向，"建议从政策和实践层面该处理原则要与当地市级以下地方人民政府的基础设施建设标准和规划相结合的处理原则开展专业项目的迁建处理"。

（4）建设征地方面。

建设用地手续办理程序：由于抽水蓄能电站具有上下两个水库的独特性，对于上下库连接道路的建设征地是必不可少的。经过调研丰宁、洪屏、天池、洛宁、五岳等多个抽水蓄能电站，都不同程度地反映出工程建设期间连接路的工程变更较为普遍，新时代关于征地移民的要求是必须先完成建设用地的手续办理方可开展工程建设施工。由于工程勘察设计的精度及工程施工难度等客观因素，往往在办理建设用地手续后，仍会出现设计变更或征地红线的微调，鉴于建设用地手续已经办理，且国家自然资源部门目前尚不允许单独选址项目的建设用地手续二次报批，造成工程施工和依法征地两难的矛盾局面，给项目法人、地方人民政府和人民群众带来不少困惑。

因此，建议针对水利水电工程特别是抽水蓄能电站类似工程建设的建设用地手续办理后，工程建设管理单位在勘察设计方面加强勘察设计精度的同时，从严论证调整红线的必要性等情况下，国家政策层面应探索或出台可在水利水电工程建设过程中给予可修正一次建设用地的机会，换发新的建设用地手续。

（5）移民验收方面。

水电工程移民验收规程：从移民验收的程序上和具体要求上来看，其相对于水利水电工程移民验收规程相对较粗，同时由于国家和各省级移民管理机构的体制改革后，大多数均隶属水利系统，往往由于管理体制和归口管理等原因，实际实践过程中抽水蓄能电站乃至水电工程的移民验收一般借鉴了水利工程验收规程。比如自下而上的验收顺序，自验、初验和终验的验收程序，是否可以自验与初验合并进行等具体操作要求，建议及时修订或调整该规程的具体要求。

（6）移民技术服务与管理方面。

移民综合监理规程：自国家能源局 2014 年发布以来已有 9 年多的时间，且中间经历关于移民管理机构的改革，特别是对于规范中关于移民综合监理单位的资质要求、总监理工程师的资格要求已与现阶段移民综合监理服务工作产生了严重的不适应性，水电工程的移民综合监理与水利工程的移民监督评估资质要求存在较大差异，且要求综合监理单位具有设计甲级资质，明显与该项工作不相适应；关于人员方面，要求总监理工程师同时具有水利水电工程移民方向的注册土木工程师更是与现阶段开展综合监理工作的要求不相适应;关于移民综合监理细则要求通过省级移民管理机构审批,该项要求已与现阶段减少审核、审批事项的要求不相适应。

  诸如以上关于移民综合监理规范的具体要求与新时代的法律体系和实践体系不适应的地方,建议国家有关部门在政策层面适时调整、修改并发布新的规范或管理办法,以适应新时代的具体要求。

第6章　新时代抽水蓄能工程建设征地
与移民安置创新模式

6.1　管理体制与机制模式探索

6.1.1　管理模式与要求

《移民条例》规定：移民安置工作实行"政府领导、分级负责、县为基础、项目法人参与"的管理体制。国务院水利水电工程移民行政管理机构负责全国大中型水利水电工程移民安置工作的管理和监督。县级以上地方人民政府负责本行政区域内大中型水利水电工程移民安置工作的组织和领导；省、自治区、直辖市人民政府规定的移民管理机构，负责本行政区域内大中型水利水电工程移民安置工作的管理和监督。

6.1.2　管理模式的分析

6.1.2.1　移民实施机构设置分析

经调研（调研成果见表6-1），在实践过程中，多个县级移民实施机构，由于省级和市级移民管理机构层面的不统一性，加上新时代建设抽水蓄能电站工程的多项工程建设管理工作归口为能源局部门管理，因此造成县级移民实施机构成立基本不统一，有成立临时指挥部办公室，有成立领导小组办公室等直接组织实施征地移民实施工作，造成上级移民管理部门管理体制不顺畅、监督管理和指导的难度大，有些地方成为征地移民实施过程中的监督管理真空地带，缺乏必要的监督管理和指导。

6.1.2.2　县级移民实施机构人员及设备配置调查与分析

由表6-1可知，抽水蓄能电站移民实施机构均为由县级人民政府组织成立，移民机构性质采用临时机构或常设机构，办公形式有负责人职能唯一的独立办公及负责人兼职组合办公两种，尽管组合办公兼职的情况目前较为普遍，从协调力度上有一定的优势，但在实际机构运转过程中，临时机构负责人多为县发改委主任兼任，由于发改委日常事务的需要，负责人从事的原主单位工作事务及时长比临时机构的要多，常导致实施机构运转效率方面大大降低，一定程度上限制了移民实施的高效运转，由此可见，将移民机构设置为常设机构独立办公的组织管理体制是推进移民安置工作的强有力的保障。

6.1.2.3　组织机构的运行机制探索与分析

新时代全面依法建设抽水蓄能电站工程，依法开展征地移民工作。根据抽水蓄能电站工程建设投资的特点，项目法人多为电网或电力、能源投资企业成立项目法人单位（公司），负责征地移民的资金筹措，同时根据工程建设进度计划，提出征地移民安置的工作计划建议，参与征地移民的实施工作，及时了解征地移民工作的动态情况，为工程建设决

表 6-1　抽水蓄能电站运行体制与机制情况统计

序号	电站名称	位置	县级移民机构名称	成立年份	机构性质	办公形式
1	洪屏	江西省靖安县	项目指挥部办公室	2010	临时机构	独立办公
2	浙江仙居	浙江省仙居县	浙江仙居抽水蓄能电站建设征地移民安置工作指挥部	2010	—	租赁办公
3	山东文登	山东省威海市文登区	文登抽水蓄能电站建设指挥部	2014	临时机构	现场办公
4	河南天池	河南省南阳市南召县	南召县天池抽水蓄能电站建设领导小组办公室	2014	临时机构	独立办公
5	浙江缙云	浙江省丽水市缙云县	浙江缙云抽水蓄能电站项目工作指挥部	2015	临时机构	独立办公
6	河南洛宁	河南省洛宁县	洛宁抽水蓄能电站管理处	2016	常设机构	独立办公
7	福建厦门	华东（福建）	厦门抽水蓄能电站建设项目指挥部	2016	临时机构	高峰期集中办公、非高峰期定期召开协调工作会
8	河北抚宁	河北省秦皇岛市抚宁区	抚援抽水蓄能电站项目建设指挥部办公室	2017	临时机构	组合办公
9	河北易县	河北省保定市易县	易县抽水蓄能电站建设协调指挥部办公室	2018	临时机构	独立办公
10	浙江宁海	浙江省宁波市宁海县	宁海抽水蓄能电站建设政策处理指挥部	2018	临时机构	独立办公

续表 6-1

序号	电站名称	位置	县级移民机构名称	成立年份	机构性质	办公形式
11	河南五岳	河南省信阳市光山县、罗山县	项目服务协调指挥部办公室、项目服务协调领导小组办公室	2019	临时机构	组合办公设在乡镇发改
12	山东潍坊	山东省临朐县	项目征地拆迁指挥部办公室	2019	临时机构	组合办公设在乡镇
13	浙江磐安	浙江省磐安县	项目建设指挥部办公室	2019	临时机构	组合办公
14	河南鲁山	河南省鲁山县	项目建设指挥部办公室	2021	临时机构	组合办公设在发改
15	湖南平江	湖南省平江县	平江县库区移民服务中心	2021	事业单位	独立办公
16	江西奉新	江西省宜春市奉新县	奉新县奉新电站征地移民指挥部	2022	政府机关	正常办公

注：独立办公主要是项目指挥部办公室为政府成立单独任命负责人，一般不兼任其他单位负责人。

策提供依据。根据有关条例的规定,项目法人与地方人民政府(多为县级人民政府)签订移民安置协议,明确了县为基础的实施管理体制,县级人民政府组织开展征地移民的实施组织管理工作,省、市级移民管理机构负责征地移民工作的管理和监督。同时根据抽水蓄能电站工程属于水电能源建设管理范畴,根据新的移民条例有关规定,对征地移民实施全过程进行监督评估。移民监理单位和独立评估单位作为监督评估机构,代表社会的第三方全过程进行监督评估工作。

6.1.3　管理模式建议

基于抽水蓄能电站移民实施机构的对比分析,结合洛宁抽水蓄能电站的成功经验,对移民管理体制与机制给出如下建议。

6.1.3.1　组织机构方面

根据"政府领导、分级负责、县为基础、项目法人参与"的管理体制原则,结合抽水蓄能电站工程征地移民安置的特点,以提高管理效率、减少管理层级、充分发挥县级人民政府的主体地位,突出县级人民政府在征地与农村移民安置管理工作中的基础地位,成立专业、高效的移民实施管理常设机构,实行独立办公。

6.1.3.2　体制机制方面

结合新时代高质量发展的要求,正确把握移民对美好生活的需求,将移民工作与乡村振兴要求相衔接,依据现有政策法规,制定切实可行的内控制度,为依法移民、依法补偿、依法扶持提供具体依据,促进实施管理的制度化、规范化和系统化。

建立有效的征地移民管理体制的组织机构如图 6-1 所示。

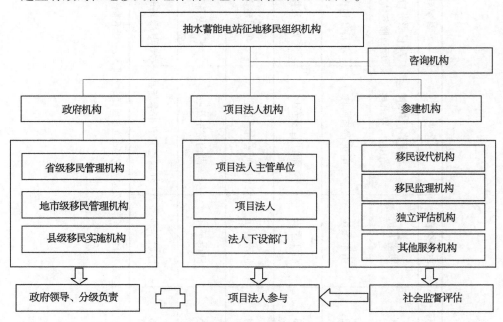

图 6-1　征地移民管理体制的组织机构

6.2　实施过程管理模式探索

6.2.1　实施管理内涵与要求

移民管理工作是一项政策性强、涉及面广、内涵丰富、情况复杂的系统工程。建设一个移民安置区实质上是建立一个"小社会"。这种特殊的社区,包括政治、经济、科技、文化、教育卫生、生态环境等各个领域,涉及工、商、农、学、林、牧、副、渔、产、运、旅游等各个方面。同时,由于水利工程移民管理的作用对象是"人",这就决定了水利工程移民管理的任务即是通过一系列组织活动,用一定的投入获取更好的效益,在支持工程建设的同时,帮助移民重新恢复生产,并达到或超过原有生活水平。

新时代,抽水蓄能电站移民实施管理的内涵是以"以人民为中心"的发展理念为前提,以移民的"获得感、幸福感、安全感"为出发点和落脚点,以专业化管理为基础,以建立高效管理体制机制为核心,形成专业、高效的移民管理体系,从而更好地协调相关利益主体之间的关系,实现水利工程建设的整体利益最大化;进一步推进移民管理体制、机制的创新,建立"权责明确、部门协调、保障有力、监管有效、工作顺畅"的移民安置工作新格局;建立和培养一支专业化的移民管理队伍,并通过"科学移民"实现抽蓄工程的"人水和谐"和全社会的"可持续发展"。

6.2.2　实施过程管理模式

抽水蓄能电站工程建设征地移民安置实施管理工作的主要内容包括:土地征收征用、农村移民搬迁安置、企事业单位迁建、工矿企业迁建、专项设施迁建、库底清理、临时用地复垦等。农村移民搬迁安置主要包括征地补偿、生产安置、居民点基础设施建设、移民个人房屋建设、移民搬迁等内容。企事业单位迁建分一次性补偿和搬迁补偿安置。专业项目迁(复)建则是按照原规模、原标准、恢复原功能的原则,进行规划建设。

征地移民安置实施管理具体的工作流程主要有:①签订移民安置协议;②制订移民工作计划,动员部署;③勘测定界,明确征地范围;④实物指标复核;⑤补偿资金兑现;⑥清理地面附属物;⑦土地移交;⑧移民安置;⑨移民搬迁;⑩企事业单位、城(集)镇迁建及专项迁(复)建;⑪库底清理;⑫临时用地复垦与返还;⑬移民阶段性验收与移民竣工验收。

根据移民安置实施管理涉及面广、种类繁多、专业性强、情况复杂等特点,结合新时代实施管理内涵及特点,新时代移民安置工作需要实施管理机构高效作为,同时坚持以人为本的安置理念,深入群众、集思广益,重视移民的意愿和诉求。在调研中发现,河南洛宁抽水蓄能电站实施过程中县委、县人民政府高度重视该项目推进,县委、县人民政府成立了书记、县长挂帅的高规格项目领导小组,专门成立"洛宁抽水蓄能项目前期工作指挥部""移民工作领导小组"和"洛宁抽水蓄能电站管理处",抽调人员,专职负责项目前期工作,为项目顺利推进奠定了坚实的基础,实现了管理机构的高效作为。

搬迁安置前,深入群众、集思广益,在土地及地上附着物资金兑付过程中,由移民综合监理部向移民群众解答征地相关政策疑问,由移民设代处向移民群众解答征地期间具体技术问题,洛宁公司专员参与,县乡移民干部深入村组农户第一时间无缝隙深入群众,零距离了解群众关心事项,及时答疑解惑,疏导矛盾,调整现场工作方法,丰富宣传措施,使得征地政策人人知晓,补偿标准人人明了,村组干部群众相关广泛认同重大项目建设耽误不得,征地工作迟缓不得,主动搁置个别集体或个人之间内部争议,在广大干群中营造和谐良好的项目建设外围环境,服务项目建设大局,有力促进了征地移民工作的快速推进。

搬迁过程中,以人为本方面,充分考虑移民搬迁后的生活安置问题,安置点建设门面房实行复合型生产安置,结合移民补偿实际,高标准规划建设安置点,采取统规统建的办法,由搬迁移民委托政府做安置点的规划设计和移民房屋及基础设施建设。移民户向村集体逐级提出申请由政府统一组织建设,政府接受委托后,通过招标投标等过程建设程序管理组织移民房屋建设。"想移民之所想、知移民之所需",移民安置由被动安置变为主动选择。

6.2.3　实施过程管理探索与建议

从调研情况看,构建长效稳定的管理机构是移民安置成功实施的首要因素;其次,政府组织得力、各部门合作有序是顺利实施的关键因素;最后,以人为本,重视移民的意愿和诉求的安置政策是决定因素。高效的管理机构、有效的管理机制、合理的安置政策,三者有机结合积极推进了移民安置的实施管理过程。因此,从组织机构、搬迁安置、体制机制等方面给出如下建议。

6.2.3.1　人员结构与管理

移民管理工作为适应"双碳"国家战略下抽水蓄能建设的迅猛发展,其专业技术人员数量、管理能力、管理水平、专业素质等,应与长效稳定的管理机构相匹配,这样才能形成专业、高效的移民管理体系,有效推进移民工作的开展。

6.2.3.2　内控制度的建立

依法合规的管理制度是政府组织得力、各部门合作有序的前提,也是移民工作顺利实施的关键,结合当地抽水蓄能工程的特点,建立适用、科学、有效、合理的工作管理、档案管理、资金管理等制度非常重要。

6.2.3.3　办公设施条件

移民实施管理机构作为常设、独立办公的机构,要有固定的办公场所(办公室、档案库房等)、必备的办公设施设备(网络通信设备、办公设备、拍照录像设备等)、必要的交通设施(现场协调、安置、监督用交通车辆等)等,用以日常办公、深入基层、档案存储等。

6.3　移民资金的运行和管理模式探索

6.3.1　移民资金运行管理的一般要求

移民资金是指抽水蓄能电站工程建设征地产生的、用于非自愿性搬迁移民和征地的各项资金。移民资金按照其科目分类主要有农村部分补偿费用、专项设施迁建费用、库底清理费、独立费用、其他税费和预备费等。移民资金主要是补偿、补助费用,是对工程建设征地造成的直接损失和间接损失进行补偿、补助的统称,是指移民搬迁安置时,对因工程建设征地和水库淹没造成的土地等生产资料以及移民财产损失给予的经济补偿、补助。

《移民条例》中规定,征地补偿和移民安置资金包括土地补偿费、安置补助费,农村居民点迁建、城(集)镇迁建、工矿企业迁建及专项设施迁建或者复建补偿费(含有关地上附着物补偿费),移民个人财产补偿费(含地上附着物和青苗补偿费)和搬迁费,库底清理费,淹没区文物保护费和国家规定的其他费用。

征地补偿和移民安置资金应当专户存储、专账核算,存储期间的孳息,应当纳入征地补偿和移民安置资金,不得挪作他用。有移民安置任务的乡(镇)、村应当建立健全征地补偿和移民安置资金的财务管理制度,并将征地补偿和移民安置资金收支情况张榜公布,接受群众监督。

6.3.2　移民资金管理模式

根据国务院《移民条例》规定,移民安置工作实行"政府领导、分级负责、县为基础、项目法人参与"的管理体制。国务院水利水电工程移民行政管理机构负责全国大中型水利水电工程移民安置工作的管理和监督。县级以上地方人民政府负责本行政区域内大中型水利水电工程移民安置工作的组织和领导;省、自治区、直辖市人民政府规定的移民管理机构,负责本行政区域内大中型水利水电工程移民安置工作的管理和监督。

工程开工前,项目法人需根据经批准的移民安置规划,与移民区和移民安置区所在的省、自治区、直辖市人民政府或者市、县人民政府签订移民安置协议,并根据移民安置年度计划,按照移民安置实施进度将征地补偿和移民安置资金支付给与其签订移民安置协议的地方人民政府,由移民区和移民安置区县级以上地方人民政府移民安置规划的组织实施。

在这种建设模式下,征地移民资金主要有由地方人民政府负责实施管理、由项目法人负责实施管理、由地方人民政府和项目法人联合成立临时机构负责实施管理三种管理模式。三种管理模式各有利弊。根据各抽水蓄能电站调研情况(具体见表6-2),吸收各种管理模式的优点,构建新时代移民资金管理模式,使移民实施从容不迫、移民资金规范有序需要从管理机构、监督检查、人员配备上进行优化。

资金管理机构为实施机构,由移民实施机构开设移民资金专户,实行专账专户管理,确保资金使用安全,避免资金挪用风险。实施机构作为资金管理机构,在征地实施、用地审批、移民安置等方面利于统筹协调、较易推进征地移民工作,简化资金使用审批程序,更能适应当下简政放权的形势。

《移民条例》规定"政府领导、分级负责、县为基础、项目法人参与"管理机制,对项目法人如何参与未做明确规定,在实施机构进行资金管理的模式下,项目法人更多的是承担资金的监督审查任务。项目法人要与实施机构积极沟通,出台或制定相应的管理办法,对资金进行日常、定期或不定期的监督检查,确保资金按计划拨付使用。

人员配备上,要有专职的财务人员,保证移民资金正确核算,同时加强对财务人员的业务培训,提高业务人员综合素养。

表 6-2　抽水蓄能电站征地移民安置资金使用与管理信息统计

序号	电站名称	核准时间	资金实施管理机构	资金管理	资金拨付形式	资金使用	资金监管形式与过程
1	浙江仙居	2010	移民安置工作指挥部（临时机构）	一户一账号	按实施进度，将移民资金拨付至移民专户	专款专用，一户一账号拨付使用资金	以移民资金审计监管
2	重庆蟠龙	2014	移民安置办公室（临时机构）	拨付给重庆市移民局	由移民局监管，将移民资金付给綦江区政府	区县申请，市移民局下拨，逐级拨付	逐级监管
3	山东文登	2014	文登抽水蓄能电站建设指挥部（临时机构）	由文登区人民政府设立专门的资金账户	按实施进度，将移民资金拨付至移民专户	移民指挥部从专户中将资金拨付至乡镇政府所经管的移民专户，再由经管所拨付至村民账户或村集体账户	征地移民工作基本完成，资金兑付基本完成后，开展了移民稽察工作，对移民资金及拨付过程中存在的问题进行了检查
4	福建厦门	2016	厦门抽水蓄能电站建设项目指挥部（临时机构）	同安区财政设立移民资金专用账号	按实施进度分期拨付	指挥部根据项目实际进展情况向区财政局提出资金使用计划，区财政局根据实施单位的申请，再将资金拨入专用账号	1.移民综合监理单位定期收集移民资金使用情况报表，经梳理后提出监理意见并发送至各参与方，并上报省移民安置管理机构；2.同安区以年度为单位，定期对移民专项资金使用情况进行过程审计，并形成成果存档
5	湖南平江	2017	平江县库区移民服务中心	开设移民资金专户	按需拨付	县移民主管部门提出使用申请，市移民主管部门批复使用计划后，专款专用	省、市移民主管部门提出移民资金监管办法湖南省资金专项审计、稽察

6.3.3　移民资金管理探索

基于以上的调研分析,移民资金管理按照《移民条例》规定的"政府领导、分级负责、县为基础、项目法人参与"的管理机制,遵循安全高效的原则,提出如下建议:

(1)对移民资金实行"专户存储、专账核算"。

移民资金实施的是财政专户管理制度,因为其性质为专项资金,按"统一政策、分级管理、先收后支、专款专用、讲究效益"的原则,移民资金除了需要各级移民开发机构的管理,也需要财政部门的管理,两者应相结合,共同管理移民资金,并接受各级人民政府的领导下,实行移民资金项目与管理和计划管理,并且实行包干责任制。

(2)配备专职财务人员,并加强培训。

在会计核算方面,建议县级移民机构要内设专门的财务管理机构,配备专职财务人员,严格财务人员准入制度,持证上岗,实行会计、出纳分设。加强财务人员业务培训,提高财务人员的业务素质,保证移民资金正确的业务核算。对征地移民资金实行专户、专账管理、封闭运行、独立核算。各资金使用单位要加强协作,明确责任,规范管理。加强对各类票据的审核,不符合规定的票据,一律不得作为财务报销凭证。各项移民费用准确计入科目。支出必须取得真实、合法、有效、完整的原始凭证。从根本上确保移民资金的合理使用,保证会计核算的规范化。

(3)完善创新资金管理制度。

国家、各级省市人民政府先后颁布了一系列移民资金管理的法规、规章、办法等规章制度,既规范了移民资金的使用管理,又明确了管理监督责任,构筑起一个较为完整的政策法规制度体系,使移民资金管理的各个方面、各个环节基本上做到了有章可循。在具体实施与使用过程中,各县级应结合实际,制定具体的管理办法和措施,推动移民资金的规范化、科学化管理,确保移民资金安全运行。移民资金必须实行"专款专用、包干使用"的原则。有效解决移民资金在兑付过程中的漏洞,从而使移民资金管理步入制度化、规范化的管理轨道。各级移民机构要内设专门的财务管理机构,配备专职财务人员,严格财务人员准入制度,持证上岗,实行会计、出纳分设。加强财务人员业务培训,提高财务人员的业务素质,保证移民资金正确的业务核算。对征地移民资金实行专户、专账管理、封闭运行、独立核算。各资金使用单位要加强协作,明确责任,规范管理。

(4)加强资金监管,引入社会监督,强化外部审查。

社会各方各级的党委和政府要加强移民资金工作领导和组织,监督管理和打击犯罪相结合,全国人大对移民安置资金实行全面监督,同时公、检、法、司各单位要协调加大对渎职、失职、玩忽职守及挪用移民资金等的案件加大处罚力度并追究刑事责任。监督检查工作必须加大力度,放眼于工作,在薄弱环节上切勿疏忽,找出问题根源,对移民安置政策方针和法律法规严格执行。应充分实施"阳光工程""阳光移民",接受社会各方面的监督,从制度建设上减少腐败的机会。外部监督评价主要是聘请独立的机构对移民安置活动进行定期的监督与评价,以检验是否达到移民安置的目标。

6.4　档案管理模式与探索

6.4.1　移民档案管理一般规定与要求

移民档案工作实行"统一领导、分级管理、县为基础、项目法人参与"的管理体制。

各级档案行政管理部门、项目主管部门、水利水电工程移民行政管理机构、项目法人及参与移民工作的有关单位应加强对移民档案工作的领导,采取有效措施确保移民档案的完整、准确、系统、安全和有效利用。

各级移民管理机构、项目法人及相关单位要建立健全移民档案工作,明确负责移民档案工作的部门和从事移民档案管理的人员,保障移民档案工作所需经费、库房及其他设施、设备等条件。

各级档案行政管理部门负责对本行政区域内移民档案工作的统筹协调和监督指导。项目主管部门应加强对移民档案工作的监管;各级移民管理机构负责本行政区域内移民档案工作的组织实施和监管,并做好本级移民档案工作;项目法人参与本项目移民档案工作的监管,并负责做好本单位移民档案工作;涉及移民工作的单位负责其承担任务形成的移民档案收集、整理、归档或移交工作。

6.4.2　移民档案管理模式

根据档案管理调研情况(具体见表6-3),各抽水蓄能电站基本实行"统一领导、分级管理、县为基础、项目法人参与"的管理体制,以实施单位为档案管理工作主体,项目法人、监理、设计等相关方参与档案管理工作,归档形式有纸质、纸质+影像资料、或纸质+电子形式。存在的主要问题是归档内容不完整,究其原因主要是档案管理人员档案意识较弱、专业素质不高。移民工作档案归档整理不及时。移民"一户一档"内容不完整,存在部分原始记录丢失的情况。

国家虽有规定要保障移民档案工作所需经费、库房及其他设施、设备等条件,以及组织开展移民档案人员的业务培训,并适时组织移民档案工作交流。但在实际工作中县移民办没有开展移民档案管理的业务培训的记录,也没有建立起符合规定的库房及其设备,更没有建立健全移民档案工作制度与业务规范,导致档案工作前松后紧,错过档案收集的最佳时机,致使档案收集不齐全。

移民档案管理属于边缘学科,做好移民档案管理,不仅需要档案管理人员通晓档案管理的知识,还要熟悉移民安置工作。这就导致相应的人才少之又少,若要提升移民档案管理人员的业务水平,就必须开展指导和培训。

目前归档形式有纸质、纸质+影像资料或纸质+电子形式,且越来越趋于纸质+电子形式,随着我国社会经济的快速发展,信息化技术对于档案工作现代化管理的需求逐渐增加,也为传统档案管理模式带来了创新机遇。将档案管理工作和信息技术密切结合,对于快速适应抽水蓄能建设迅猛发展节奏,为档案资源管理、使用及共享提供便利迫在眉睫。

表 6-3 抽水蓄能电站征地移民安置档案管理情况信息统计

序号	电站名称	校准时间	档案管理机构设置	管理过程（基本原则、组织管理形式）	档案管理实施过程（采用何种形式归档）
1	浙江仙居	2010	指挥部内设档案管理人员	由业主档案管理部门指导移民档案全过程管理,每年定期归档	纸质和数字形式归档
2	山东文登	2014	由电站建设指挥部负责主管及与乡(镇)政府对接,乡(镇)政府负责具体实施	移民档案实行统一领导、分级管理的管理体制。电站建设指挥部是移民档案工作主管部门,负责对本电站内的移民档案工作统一领导和管理。乡(镇)政府负责对本行政区域内的移民档案的收集实施,要配置专职人员负责移民档案的收集、整理、归档和管理工作。电站建设指挥部也应配备档案管理人员,负责与乡(镇)档案管理人员的对接工作	纸质归档
3	重庆蟠龙	2014	綦江区移民办下设档案管理人员	现场移民实施完成后,外聘专职档案机构整理档案资料	纸质归档
4	福建厦门	2016	指挥部下设档案管理工作组	以实施单位为档案管理工作主体,项目业主、综合监理、综合设计等相关方参与档案管理工作,地方档案管理部门进行技术指导	纸质档案与电子档案同步收集整理归档
5	湖南平江	2017	平江县移民事务中心与档案局协同负责移民档案管理	平江县抽水蓄能建设协调指挥部统一部署,平江县移民事务中心负责档案收集,平江县档案局负责管理	纸质归档及影像资料归档

6.4.3　移民档案管理探索

根据《水利水电工程移民档案管理办法》(档发〔2012〕4 号),遵循档案完整、准确、系统、规范与安全等原则,提出如下建议:

(1)配备专职人员,完善档案制度。

为保证移民档案管理工作的顺利开展,各级移民管理机构和参建机构应根据档案管理工作的实际需要,配备专职或者兼职的档案管理人员,同时保证档案收集、管理人员队伍的稳定;对移民档案管理人员要定期进行培训,使档案管理人员的业务素质满足档案管理工作的需要;同时要求档案收集人员必须参与移民实施工作的过程,确保档案资料收集的齐全和完整性,达到移民档案原始文件、图纸、照片、声像资料齐全,分类科学,确保字迹清晰,签字手续完备,管理有序的目的。

建议在移民实施机构开展移民工作前期就建立移民实施管理工作的大事记制度、档案文件卷内目录制度、文件借阅制度等,对收集的文件按照类别和专业项目分开管理,建立文件卷内目录和借阅制度,确保文件材料在管理的过程中不损坏、丢失、混乱,保证移民验收前档案的归档工作顺利进行。

同时将移民档案的收集、归档工作列入移民管理工作程序和移民工作计划,纳入各职能部门工作职责和年终经济责任制考核,加强移民档案工作目标考核管理,以考核促进工作推动。移民工作相关单位要结合档案工作实际,制定移民档案收集、整理、保管、鉴定销毁、利用各项规章制度,做到有章可循、按章办事。

(2)保证经费来源,提升档案管理服务水平。

国家移民档案管理办法明确提出:各级移民管理机构应采用现代信息技术,加强对移民档案信息管理,使移民档案管理与本单位信息化建设同步发展,确保移民档案的有效利用,强化水利水电工程移民档案的管理机制,促进水利水电工程移民档案的开发与利用。政府应拨付充裕的财政资金以充分保证移民档案管理部门的日常经费使用,同时根据移民实施管理需要,在移民实施管理费内可以专设机构开办的档案基础设施建设费用,以加强移民档案软、硬件基础设施建设,建立起有效的移民档案保管机制。从物质上确保移民档案保管条件符合国家有关标准和技术规范。水库移民档案管理部门应争取各种政府资源和社会资源,积极申请项目经费以改善移民档案管理工作环境,提升移民档案管理服务水平。

(3)加强培训指导,增强档案意识。

在新时代抽水蓄能电站移民实施工作实践中,部分如相关补偿协议,土地补偿费分配方案,相关财务结算资料,村组、村户等补偿资金兑付资料等不完整或部分档案资料在乡(镇)人民政府,未及时收集归档或收集难度大,造成部分原件仍长期留在乡镇的现象普遍存在。由于抽水蓄能电站工程临时用地周期长,存在补偿协议、补偿资金兑付等资料的逻辑性和连续性不够严谨等现象较为普遍,如临时占地地面附属等补偿兑付相关手续及证明、核销及结算表、汇总表等资料,以及复垦、返还等资料不完善;过程中,部分项目由行业部门负责,也有部分项目由移民实施机构负责组织实施,档案资料形成和收集不够统一,项目建设用地手续的办理等资料缺失现象较多。

6.5　验收管理模式与探索

6.5.1　移民验收管理一般规定与要求

抽水蓄能电站移民验收的依据主要是《大中型水利水电工程建设征地补偿和移民安置条例》(国务院令第 679 号)、《水电工程建设征地移民安置验收规程》(NB/T 35013—2013),以及相关的规划大纲、规划报告、安置协议、实施方案、设计变更及其他相关技术文件等。

组织程序一般分为自验、初验、终验;验收阶段分为工程阶段性移民安置验收和工程竣工移民安置验收。其中,阶段性移民安置验收又分截流阶段、蓄水阶段。

工程阶段性移民安置验收和工程竣工移民安置验收根据需要,可按农村移民安置、城(集)镇迁建、工矿企业迁建或者处理、专项设施迁建或都复建、防护工程建设、水库库底清理、移民资金使用管理、移民档案管理、水库移民后期扶持政策落实情况、建设用地手续办理等类别,进行分类验收。

6.5.2　移民验收管理模式

目前水利水电工程移民安置均严格执行三个阶段验收,即枢纽工程导(截)流阶段、下闸蓄水(含分期蓄水)阶段、工程竣工阶段移民安置验收。而在抽水蓄能电站征地移民安置验收实践过程中发现,与其他水利水电工程不同,抽水蓄能电站征地移民安置具有对主体建设的影响程度小、筹建阶段的周期长(一般为 18~24 个月)、上下水库所需库容相对较小、征地移民规模小等特点,大部分抽水蓄能电站的筹建与主体工程截流前建设阶段,可以充分完成规范要求的第二个阶段"蓄水阶段移民安置验收要求"的全部内容,常表现为主体工程截流前,大部分抽水蓄能电站移民安置工作已具备截流阶段与蓄水验收条件,如河南洛宁抽水蓄能电站、山东潍坊抽水蓄能电站、山西浑源抽水蓄能电站等,因此考虑抽水蓄能电站工程在验收模式上可以进行优化组合,简化程序、减少投资、节约人力等资本。

6.5.3　移民验收管理探索

根据《水电工程建设征地移民安置验收规程》(NB/T 35013—2013),结合工程实际情况,提出以下具体建议:

(1)建立科学合理的移民安置验收评价指标体系。

虽然我国移民安置验收制度已经基本确立,但是规范化的移民安置验收工作尚处于起步阶段,与移民安置验收的需求和着力点还存在一定的差距。为了保障移民安置验收质量,可以借鉴工程验收的相关经验,探索建立科学合理的移民安置验收评价指标体系,使移民安置验收评价具有系统性、科学性和可操作性,并进一步加强移民安置验收报告的标准化建设,制定参建各方适用的移民安置验收报告编制规程,确保验收工作的科学性和准确性。

（2）结合工程规模与移民安置进度，适当简化移民安置验收程序。

建议对淹没影响范围小、影响实物少、不涉及重要专业项目的抽水蓄能电站工程，简化移民安置阶段性验收程序，如将抽水蓄能电站建设征地移民安置工程截流验收和工程蓄水验收合并开展，简化行政环节，提高移民安置工作效率。对于在工程截流前未完成蓄水范围移民安置任务的项目，建议适当弱化抽蓄电站工程截流建设征地移民安置验收环节或将抽蓄电站工程截流建设征地移民安置验收在工程验收中一并开展。在取得授权的情况下，于工程正式蓄水前再由县级人民政府对蓄水范围林木清理进行专项验收，林木清理专项验收意见和工程截流或工程蓄水验收意见一起作为抽蓄电站工程正式蓄水验收的依据；同时，如果工程截流验收前建设征地移民安置主要工作已经完成，建议将已完成的建设征地移民安置任务提前开展验收。

（3）移民安置竣工验收的前置条件较多，在下闸蓄水后，相关方需要尽早启动竣工验收准备工作。在工程蓄水后，移民安置工作基本完成后，尽早编制移民后续发展规划，促进移民安置区后续经济社会发展，及时消除市州、县区人民政府及移民的顾虑，有利于尽早开展移民安置竣工验收。

6.6　技术服务机构工作管理

6.6.1　移民技术服务管理一般规定与要求

抽水蓄能电站移民安置实施技术服务管理工作比较常见的有移民设代工作与管理、移民监理工作与管理、移民监督评估等。

6.6.1.1　移民综合设计（设代）工作与管理

移民综合设计（设代）是指在移民实施阶段，移民安置主体设计单位，依据批准的移民安置规划，负责设计交底、技术归口、咨询服务、现场问题处理、项目规划调整和设计变更处理；工程阶段性验收（截流、蓄水、竣工）相关技术报告编制和参与移民配套工程项目验收等工作的现场性技术服务，是保障移民安置和移民配套工程项目顺利建设的必备条件之一，在实施过程中作用无可替代。

6.6.1.2　移民监理工作与管理

根据《移民条例》的有关规定，国家对移民安置实行全过程监督评估。签订移民安置协议的地方人民政府和项目法人应当采取招标的方式，共同委托有移民安置监督评估专业技术能力的单位对移民搬迁进度、移民安置质量、移民资金的拨付和使用情况及移民生活水平的恢复情况进行监督评估；被委托方应当将监督评估的情况及时向委托方报告。

移民监理是指由独立的第三方社会移民监督单位，经调研抽水蓄能电站工程移民项目，移民综合监理服务一般受项目法人的委托，对移民安置工作的质量、投资、进度和效果等进行全面的监督和控制。

6.6.1.3　移民监督评估

移民监督评估工作属于社会学知识理论中的包含内容，其相当于一种监测和管理技术，是相关组织机构根据政府所下达的文件进行的工作实施，并且采用科学且合理的实施方式,对移民工作内容进行有效监督和评估,并且对政府政策进行相关执行,落实有关工作情况,并且从其中探究存在的问题,找出相对应的解决方法进行探讨。移民安置监督评估内容包含移民安置、工业企业处理、移民安置的实施与管理,移民生活水平的恢复监督。评估内容包含生产条件、收入情况、生活条件等。

6.6.2　移民技术服务管理模式

随着抽水蓄能电站建设在全国掀起新高潮,抽水蓄能行业从业人员紧缺,建设单位存在局限性,建设单位派驻前期工作人员会出现经验不足的情况,加上对项目所在地政策、民情、社会关系不熟悉,在开展移民安置工作过程中存在一定的局限性。加上前期工作阶段,建设单位与地方人民政府还在磨合和熟悉阶段,相互信任程度还不够,为做好移民安置工作带来沟通难度。此外,设计单位也缺乏针对性,设计单位时间紧任务重,移民专业技术力量不足,无法投入足够的资源,导致前期移民安置方面设计深度不足,加上每个地方都有各自的特色,设计单位往往在设计阶段制订的相关方案缺乏针对性,无法给建设单位和地方人民政府提供有针对性的可操作性的实施方案。

随着经济社会的发展,在全面实行政府购买服务的改革体制下,新时代抽水蓄能电站工程征地移民实施迫切需要全过程的咨询服务,如移民技术培训服务、土地到户测量技术服务、移民实施过程技术咨询服务、移民验收咨询服务、移民资金使用管理的资金审计服务和移民法律政策咨询服务等,为项目建设单位及地方人民政府提供专业指导及技术支持。

6.6.3　移民技术服务管理模式探索

(1)强化移民综合监理和独立评估工作的独立性,充分发挥社会第三方监督评估的监督职能(设计阶段就设立"第三方移民搬迁安置咨询机构")。

移民综合监理和独立评估工作的重点是要对移民安置规划实施等内容,进行定期的调查、对比、分析,对阶段性的工作予以判断、评定,能够科学、公正、客观地反映移民安置的效果及实施的情况,找出移民安置工作的差距和潜在的薄弱环节,提出改进建议和解决方案,促进移民实施管理工作更加规范化和标准化。

移民综合监理利用熟悉移民安置政策、规划与实施的各个环节的专业优势,帮助项目法人、地方移民管理机构,对参与征地与移民安置实施过程的所有利益相关者进行政策、规划及实施要求进行培训,使有关各方熟悉了解整个实施过程,特别是站在第三方的角度对征地移民安置的直接利益相关者耐心细致地进行政策讲解,让他们了解国家政策与自己应有的权益,争取他们的配合与支持。

在实施过程中对移民群众反映的热点问题,如土地边界不清产生的补偿纠纷问题、历史遗留问题导致的纠纷、土地征用对征用红线外居民房屋、土地耕种、灌溉等产生影响等,及时与项目法人、地方征迁管理机构、乡人民政府、村委会、移民户保持密切沟通,通过多种方式研究会商,提出各种可供选择的解决方案。

作为社会企业的监督评估技术服务单位,由市场和其服务水平去选择服务机构,促进移民监督评估机构严格履行监督的职责,督促地方政府移民管理部门按照批准的征地与移民安置规划和国家的有关政策要求,按计划开展实物指标核查、补偿资金兑现、土地、房屋征收、生活安置、生产安置、专业设施建设等一系列工作,并对移民政策落实情况、补偿标准执行情况、补偿资金兑付程序和手续完善情况、土地房屋征收与移民生产生活安置及各级征迁机构各项工作质量等进行定期监督评估,如实反映移民安置实施工作进展情况,指出征地移民安置工作中存在的问题,督促政府移民实施部门采取措施及时解决。

对征地与移民安置过程中存在的社会风险隐患,充分利用自身掌握的第一手信息、了解实际情况的优势,及时向政府部门反映移民的不满与诉求,分析征地与移民安置中的风险源及其原因,协助政府部门制订应急措施,将隐患消灭在萌芽状态,维护移民社区的社会稳定,保证了征地安置工作的顺利进行。

同时作为第三方社会企业的监督评估,对地方人民政府移民管理工作起到了推动和指导的作用,对项目法人起到了及时了解进度、规范移民程序的作用,对移民集体和个人起到了保障合法权益不受损失的作用,移民监理与独立评估单位充分发挥监督、指导、评估等职能,得到了广泛的理解和信任。

(2)建立完善的征地移民实施过程的咨询机制及体系。

目前全国已在多个省份、多项水利水电工程项目征地移民安置实施过程施行过程咨询的委托方式,以及移民验收的技术服务、验收技术咨询等委托,特别是经过调研已完成阶段性或竣工移民安置验收的抽水蓄能电站,调研发现服务的工作内容和服务的具体标准差异较大,取费标准更是千差万别。建议国家及省级人民政府层面建立完善的征地移民实施过程的咨询机制,完善实施过程、移民验收技术服务、移民验收技术咨询等咨询服务的工作内容、标准及取费标准等体系。

建议国家在全面推行改革过程中,制定征地移民实施过程中技术咨询服务的有关管理办法,明确技术服务的内容、范围,进一步规范技术咨询服务市场和技术服务工作。在其他工程建设征地领域,推广征地过程的第三方监督评估工作,保障征地过程的依法合规,保障被征地区域集体和个人的合法权益。

第 7 章 结 语

深入剖析了党的十八大以来,国家进入社会发展的新时代,水利水电工程移民安置政策、管理体制发生的深刻变革;阐述了在社会发展与国家新能源战略需求影响下,抽水蓄能电站建设征地和移民安置实施管理工作鲜明的时代特征,并以河南洛宁、山东文登等抽水蓄能电站建设征地与移民安置实践为例,探究征地与搬迁安置的经验,适应新时代全面依法治国及移民区乡村振兴与发展的具体要求,提出了新时代抽水蓄能电站工程建设征地安置规划及实施管理新工作模式,主要内容如下。

(1)水电工程征地移民与搬迁安置工作与时代发展息息相关,随着国家经济建设的发展、政策与法律法规体系的不断健全与完善,抽水蓄能电站的建设征地与移民安置工作已构建了较为完整的体制与机制、规划与设计、实施与管理体系,并表现出独特的安置特点与模式。但仍存在着诸如移民实施机构性质不确定、移民安置方式与当地经济发展及自然环境不完全适应、政策法规的不完善、政策落实不到位、配套政策措施落后、移民管理人员专业技术水平和能力难以适应复杂的移民管理工作、地方人民政府的计划执行力度不够、档案管理的信息化程度不高等一系列问题。

(2)党的十八大以来,水利水电建设也进入高质量发展新时代,抽水蓄能电站工程迅猛发展,电站工程的移民安置规划与实施工作迫切需要与新时代乡村振兴实践紧密结合,适应更严格、更规范的依法治国要求。抽水蓄能电站的建设征地与移民安置工作呈现出以下特点:以人为本的理念更加突出;对水库移民工作合法性和规范性的要求更加严格;国家倡导的新农村建设、新型城镇化发展均需融入水库移民安置工作;移民管理工作应与"双碳"国家战略下抽水蓄能建设迅猛发展相适应;现代信息技术对水库移民管理工作数字化提出更高的要求。

(3)河南洛宁抽水蓄能电站不仅超前完成建设征地与移民安置工作,且移民安置满意度达95%,是新时代建设征地与移民安置工作的成功典范,探索与剖析其工作模式特点,即:以人为本,人水和谐,改善生态的高起点规划;移民集中安置新村、专项恢复设施等的高标准建设;政府高度重视,设置独立实施机构,内部各项管理制度健全,派驻具有专业技术的资金、档案管理专职人员,移民安置验收的程序优化,强有力的技术咨询服务机构等的高质量安置工作的推进;其规划设计理念、实施管理体系、组织管理形式等均具有前瞻性,从而带动地方经济,实现了多方共赢。

(4)通过分析2017年以来河南洛宁等抽水蓄能电站建设征地和移民安置内在体制、机制、实施管理方法,构建了新时代抽水蓄能电站建设征地和移民安置项目的"以人为本"的可持续生计发展理论、"因地制宜"移民补偿理论、"规划全面、组织有序、控制规范、公开透明"实施管理制度、"传统与信息化相结合"创新管理的理论与方法框架与体系。

(5)通过对比分析《中华人民共和国土地管理法》《中华人民共和国水法》《大中型水利水电工程征地补偿及移民安置条例》等移民安置法律法规时代演变及修订内容特点,

结合新时代抽水蓄能电站建设征地和移民安置规划设计、实施过程中的规程规范的实践问题,明晰上位法长效补偿的发展理念,提出了相关的规范设计方面的适应新时代乡村振兴发展的专业项目的迁建原则、建设征地方面的建设用地手续政策、移民安置验收的一站一策的规定、与新时代的法律体系和实践体系的移民综合监理规范修订等思考与建议。

(6)基于江西洪屏、山东文登、河南洛宁、湖南平江等十余项抽水蓄能电站工程的组织机构运行模式的设置与效果研究,结合洛宁抽水蓄能电站的成功经验,紧密围绕新时代高质量发展的要求,将移民工作与乡村振兴要求相衔接,探索提出以下新时代抽水蓄能电站工作模式:

①高起点的规划设计。将新时代国家发展理念与当地经济社会发展布局紧密结合、互相衔接,创新多样的安置模式,因地制宜,因势利导,开展"以人为本,人水和谐,改善生态"的高起点规划设计。

②设立独立办公、专业高效的移民实施管理常设机构。通过建立"政府领导、分级负责、项目法人参与、社会组织监督"有效的征地移民管理组织形式,依据现有政策法规,建立制度化、规范化和系统化的运行管理机制。

③高质量地推进移民安置工作,高标准的移民新村、专项设施恢复建设。通过建立科学合理的工作、资金、档案等内控制度,因地制宜的征地、房屋、青苗等补偿政策,优化专业技术管理人员数量与水平,配备稳定充足的办公设施,有条件的,可开展移民集中安置新村、专项恢复设施等的高标准建设,提高移民的生活水平及满意度。

④安全高效的资金管理。设置移民资金实行财政专户管理,配备专职财务人员,完善创新资金管理制度,强化逐级监督体系。

⑤传统与信息化相结合的档案管理方式。配备专职人员,完善档案制度,保证经费来源,提升档案管理服务水平,加强培训指导,增强档案意识。

⑥结合工程规模与移民安置进度,优化验收方式。建立科学合理的移民安置验收评价指标体系,结合工程规模与移民安置进度,一站一策,适当简化移民安置验收程序。

⑦优化征地移民安置第三方技术服务机构咨询服务体系,强化其咨询与监督职能。强化移民综合监理和独立评估工作的独立性,充分发挥社会第三方监督评估的监督职能;建立完善的征地移民实施过程的咨询机制及体系。

(7)有针对性地在新时代抽水蓄能电站建设征地与移民安置过程中的规划设计、管理体制与机制、实施与管理、资金、档案、验收及第三方技术服务机构设置方面提出具体的建议:

①移民规划设计方面。

为确保移民实物调查的客观、全面、规范、有序,规范移民安置规划编制过程的管理,防止对移民影响范围的随意夸大或减小,防止移民有关标准和处理范围的随意调整,造成批复概算过宽或不足,对后期移民实施产生重大影响。建议有关政府和部门制定明确的停建令发布的管理办法和移民规划设计的管理办法。

②移民管理体制方面。

新时代抽水蓄能电站工程建设征地移民县级管理机构和实施机构多为临时成立,在征地移民实施过程中普遍存在移民干部业务有待加强、机构内部设置不够清晰等现状,征地移民实施过程中产生的遗留问题处理职责不清晰,验收阶段沟通不够顺畅等诸多问题。建议政府出台项目建设移民管理机构和实施机构成立和管理相关办法,明确和规范移民管理体制中县级移民机构行为。

③征地移民实施方面。

国家能源、交通、水利、军事设施等重大项目中,控制工期的单体工程和受季节影响或其他重大因素影响急需动工建设的工程,可以申请先行用地。项目核准开工后,先行用地的手续办理周期相对较长,且由于抽水蓄能电站工程占地多为工程建设枢纽区占地,受先行用地控制规模的因素,部分省份在抽水蓄能电站的建设用地办理时,项目法人直接办理项目全部建设用地手续,办理周期更长,对项目建设等方面产生一定的影响,建议有关部门在办理建设用地手续时,制定更为具体有效的管理办法,简化程序和要求,加快审批程序,确保项目早开工、早发挥效益。

④移民档案管理方面。

建议在移民实施机构开展移民工作前期就建立移民实施管理工作的大事记制度、档案文件卷内目录制度、文件借阅制度等。对收集的文件按照类别和专业项目分开管理,建立文件卷内目录和借阅制度,确保文件材料在管理的过程中不损坏、不丢失、不混乱,保证移民验收前档案的归档工作顺利进行。将移民档案的收集、归档工作列入移民管理工作程序和移民工作计划,纳入各职能部门工作职责和年终经济责任制考核。加强移民档案工作目标考核管理,以考核促进工作推动。移民工作相关单位要结合档案工作实际,制定移民档案收集、整理、保管、鉴定销毁、利用各项规章制度,做到有章可循、按章办事。

⑤移民资金使用管理方面。

国家、各级省市人民政府先后颁布了一系列移民资金管理的法规、规章、办法等规章制度,既规范了移民资金的使用管理,又明确了管理监督责任,使移民资金管理的各个方面、各个环节基本上做到了有章可循。在具体实施与使用过程中,建议县级移民机构结合实际,制定具体的管理办法和制度,推动移民资金的规范化、科学化管理,确保移民资金安全运行。抽水蓄能电站工程移民预备费的使用管理,目前尚无较为统一的、规范的管理办法,有些电站的移民预备费使用随意性较强,建议有关部门出台水电工程移民预备费的使用管理办法,明确使用程序和要求。在项目法人和签订移民安置协议的地方人民政府在移民安置协议签订时就明确约定预备费的使用管理,统一预备费属移民概算的组成部分,应全部用于征地移民工作的思想。

⑥移民验收方面。

各级移民管理机构经过机构改革后,省级移民管理机构一般设在水利部门,因此在抽水蓄能电站工程移民验收过程中,结合水利工程的移民竣工验收有关规范要求,针对各类规范的不同之处,建议省级移民管理机构层面制定统一的验收管理办法,指导地方抽水蓄能电站工程建设征地移民安置验收工作。

⑦技术咨询服务机构方面。

建议国家在全面推行改革过程中,制定征地移民实施过程的技术咨询服务的有关管理办法,明确技术服务的内容、范围,进一步规范技术咨询服务市场和技术服务工作。在其他工程建设征地领域,推广征地过程的第三方监督评估工作,保障征地过程的依法合规,保障被征地区域集体和个人的合法权益。

⑧项目法人的实施管理方面。

根据国家新能源战略的需要,未来十年抽水蓄能电站的规划建设应开尽开,工程建设将呈井喷式发展,急需大量的技术储备和人才储备,移民安置工作为推进工程建设的前期重点工作之一,其系统、规范、科学的推进将是工程建设的重要保障,但目前移民安置理论与有效工作模式的推广与应用仍不系统、不完善,建议电站管理有关部门基于该相关实践经验及理论成果,积极推进《抽水蓄能电站工程建设征地与移民安置实施管理工作手册》的编制,从而为抽水蓄能电站移民安置工作的筹备、运行与管理提供强有力的技术支撑,为人才的快速培养提供系统的教育资源。

参 考 文 献

[1] 史泽源.党的十八大:中国特色社会主义进入新时代[N].学习时报,2022-09-09(A5).

[2] 王熙,傅千文.牛路水库移民安置一次性货币补偿与长期补偿组合机制探讨[J].广东水利电力职业技术学院学报,2019,17(2):48-51.

[3] 吴上,施国庆.水库移民分享水电工程效益的制度逻辑、实践困境及破解之道[J].河海大学学报(哲学社会科学版),2018,20(4):45-51,92.

[4] 李军磊,薛舜,胡中科.基于"逐年补偿"的水库移民安置方式创新研究[J].云南水力发电,2018,34(5):40-42.

[5] 王淑伟.大中型水库移民后期扶持项目实施的现状与规划[J].水利技术监督,2021(6):83-85.

[6] 杨文建,刘耀祥.水库移民与水电工程效益共享安置模式研究[J].人口与经济,2002(4):9-14.

[7] 谭文,刘背,范敏,等.关于水库移民监督管理工作的思考与建议[J].水利发展研究,2019,19(8):1-4.

[8] 李会甫,冯宏伟,曹振飞.水电工程移民安置实施阶段移民管理体制探讨[J].水力发电,2020(7):27-30.

[9] 中共中央国务院关于实施乡村振兴战略的意见[M].北京:人民出版社,2018.

[10] 刘平,任宁,陈平.石门县移民资金管理模式及经验总结[J].黑龙江水利科技,2021,49(12):98-100,205.

[11] 严登才,施国庆.农村水库移民贫困成因与应对策略分析[J].水利发展研究,2012,12(2):24-28.

[12] 李彦强.对"十四五"时期水库移民工作的若干思考[J].水利发展研究,2021,21(4):28-31.

[13] 嵇雷.论水库移民档案管理工作的特点及完善措施[J].兰台世界,2015(35):119-120.

[14] 孙华江,王东.浅谈移民后期扶持项目档案管理工作[J].科技与企业,2014(11):16.

[15] 沈昂儿,祁昕.浅谈大中型水利水电工程移民安置验收[J].水力发电,2020,46(7):8-10.

[16] 胡少翔.水利水电工程移民档案管理研究——以ZHW抽水蓄能电站为例[D].郑州:华北水利水电大学,2020.

[17] 冯启林.浅谈浙江仙居抽水蓄能电站移民安置规划[J].中国水能及电气化,2014(12):64-67.

[18] 吴建,邹其会,毛学志.新形势下水利水电工程移民生产安置模式探讨[J].水力发电,2020,46(7):5-7.

[19] 卞炳乾,陈森,刘峰.新形势下东部地区抽水蓄能电站建设征地移民安置规划设计特点[C]//中国水力发电工程学会电网调峰与抽水蓄能专业委员会.抽水蓄能电站工程建设文集2016.北京:中国电力出版社,2016:10-13.

[20] 贾朋,侯勇超.浅谈蓄能电站移民安置点规划思路[J].吉林水利,2018(12):57-60.

[21] 杨荣华,王迪友,王鄂豫.水利水电工程建设征地移民安置工作的几点思考[J].人民长江,2013,44(2):5-8.

[22] 张海斌.浅谈工程建设征地中的土地利用现状分类——以瓦村水电站工程为例[J].广西水利水电,2010(2):14-17.

[23] 杨平.水利水电工程移民安置工作存在问题与解决措施[J].河南水利与南水北调,2020,49(1):29-30.

[24] 米雪燕.做好征地补偿和移民安置工作的思考——贯彻《移民安置条例》问题探讨[J].黑龙江水利科技,2015,43(1):184-186.

[25] 廖振凤. 水库移民资金内部控制与管理模式的思考[J]. 行政事业资产与财务, 2018(9): 57, 54.

[26] 谭文, 张旺, 田晚荣, 等. 新发展阶段水库移民稳定与发展战略思考[J]. 水利发展研究, 2021, 21 (3): 21-24.

[27] 化世太. 新中国水库移民事业的历史性考察[J]. 青海师范大学学报(哲学社会科学版), 2020, 42 (1): 51-56.

[28] 李晓明. 新时期城镇化安置模式水库移民"可行能力"缺失及重构[J]. 三峡大学学报(人文社会科学版), 2018, 40(1): 28-33.

[29] 周毅, 顾梦莎. 新型城镇化安置水库移民的规划实践——以温州市永嘉县南岸水库移民安置为例 [J]. 人民长江, 2015, 46(22): 107-111.

[30] 刘运伟, 李川. 我国水库移民生计问题研究综述[J]. 西昌学院学报(自然科学版), 2017, 31(4): 55-58, 95.

[31] 刘振中. 基础设施建设和公共服务供给是乡村振兴强力支撑[N]. 农民日报, 2018-10-12(04).

[32] 鄢一龙. "十四五"规划: 全面推动高质量发展[N/OL]. 半月刊, 2022-12-22. http://www. banyuetan. org/ssjt/detail/20201222/1000200033135841608543435527417818_1. html.

[33] 李庆, 黄诗颖. 水库移民社会治理创新研究[J]. 人民长江, 2016, 47(14): 98-103.

[34] 任晓红. 浅谈专项资金管理存在的问题及建议——以水利枢纽工程移民专项资金管理为例[J]. 中国集体经济, 2021(7): 136-137.

[35] 韩浩. 抽蓄电站移民安置阶段性验收工作探讨[J]. 东北水利水电, 2021, 39(8): 57-58.

[36] 邓益, 汪奎, 张江平, 等. 大型水电工程建设征地移民安置竣工验收的若干思考[J]. 水力发电, 2019, 45(9): 1-5.

[37] 朱成红. 大型水电工程建设征地移民安置专项验收探讨[J]. 四川水力发电, 2018, 37(6): 182-184.

[38] 胡斌. 某水利水电工程移民安置验收存在问题的思考与建议[J]. 广东水利水电, 2019(1): 66-68, 72.

[39] 曾建生. 水利工程移民专业化管理研究[D]. 南京: 河海大学, 2007.

[40] 杜春林, 程莉祺. 从强制性到诱致性: 水库移民政策演进与创新路径——以湖南省水库移民政策为例[J]. 湖南农业大学学报(社会科学版), 2021, 22(6): 73-81.

[41] 肖榆婧. 制度变迁理论视角下我国水库移民政策演变研究[D]. 广州: 广东财经大学, 2019.

[42] 龚一莼. 水库移民家庭生计系统及生计可持续发展研究[D]. 北京: 华北电力大学(北京), 2021.

[43] 刘运伟, 李川. 我国水库移民生计问题研究综述[J]. 西昌学院学报(自然科学版), 2017, 31(4): 55-58, 95.

[44] 邓珉. 库区移民可持续生计研究——以金沙江乌东德水电站为例[D]. 雅安: 四川农业大学, 2018.

[45] 宋海朋, 赵旭. 水库移民与建设征地农民补偿安置政策比较研究[J]. 人民长江, 2018, 49(8): 103-106.

[46] 周海, 张星. 水库移民补偿与安置模式的创新策略[J]. 水利技术监督, 2022(1): 67-69, 104.